국제 지오지브라 연구소 공인

무료 수학-과학 소프트웨어

지오지브라와 함께하는
한 눈에 보이는 피타고라스 정리

GeoGebra

한국지오지브라연구소 소장
최 경 식 지음

한국지오지브라연구소

머리말

피타고라스 정리는 고대 이집트 문명에서부터 현대에 이르기까지 수학을 대표하는 정리(定理; Theorem) 입니다. 피타고라스 정리는 직각삼각형의 빗변의 길이의 제곱은 나머지 두 변의 길이의 제곱의 합과 같다는 것으로 이를 수학적으로 증명한 피타고라스(Πυθαγόρας; BC 580 ~ 490)의 이름을 따서 피타고라스 정리로 알려져 있습니다.

피타고라스 정리의 중요성은 여러 사람들에 의해 인정되었습니다. 이 때문에 피타고라스 정리는 지금까지 100가지 이상의 방법으로 증명되었습니다.[1] 이 가운데에는 복잡한 수식없이 한 눈에 알아볼 수 있는 그림으로 이루어진 경우도 있습니다. 이와 같은 증명은 칠교놀이[2]나 퍼즐 문제와 비슷하기도 합니다.

피타고라스 정리를 수식없이 한 눈에 알아볼 수 있는 그림으로 이루어진 증명에 대하여 알아보는 것은 재미있지만 이를 종이 위의 그림으로만 제시한다면 그 재미가 떨어질 수 있다고 생각되었습니다. 그래서 핸드폰이나 태블릿에서 손가락으로 조작해 보며 이해할 수 있는 자료를 제공하는 책을 펴내게 되었습니다.

이 책은 피타고라스 정리를 그림으로 쉽게 이해할 수 있는 증명에 대하여 손가락 조작으로 탐구할 수 있도록 각 증명마다 QR 코드를 제공하고 있습니다. 제공된 QR 코드를 핸드폰이나 태블릿에서 촬영하면 예제를 체험해 볼 수 있습니다.

이와 같이 조작할 수 있는 피타고라스 정리의 증명 예제를 만들기 위해 지오지브라(GeoGebra)라는 소프트웨어를 사용하였습니다. 지오지브라는 2001년에 오스트리아의 마르쿠스 호헨바터 교수에 의해 개발된 수학교육용 소프트웨어로 교육을 위해서는 누구나 무료로 사용할 수 있습니다.

---

[1]http://www.cut-the-knot.org/pythagoras/

[2]칠교놀이(七巧 -): 큰 정사각형을 직각 이등변 삼각형과 정사각형 등의 총 7개의 조각으로 잘라서 그 조각들을 하나씩 모두 사용해 모양을 만드는 놀이

이 책을 통해 여러분이 피타고라스 정리의 다양한 증명을 지오지브라 예제와 함께 재미있게 알아보는 기회를 갖게 되기를 바랍니다.

2016년 2월 26일

한국지오지브라연구소장

최 경 식

일러두기

QR코드 사용법

다음 순서에 따라 네이버 앱에서 QR 코드를 읽을 수 있습니다.

(a) 네이버 앱 실행

(b) 검색창의 마이크 선택

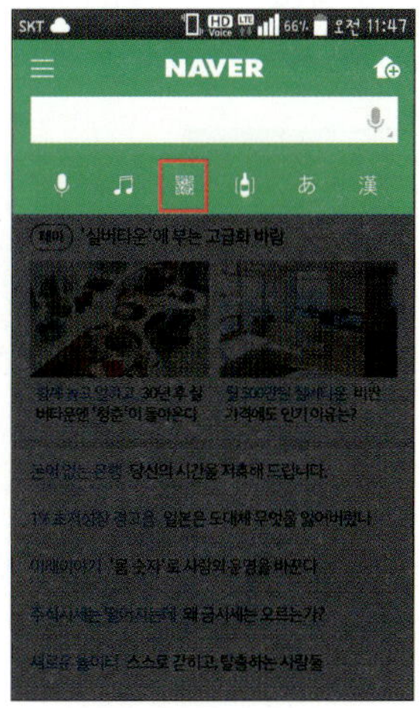

(c) QR 코드 선택

(d) QR 코드 인식

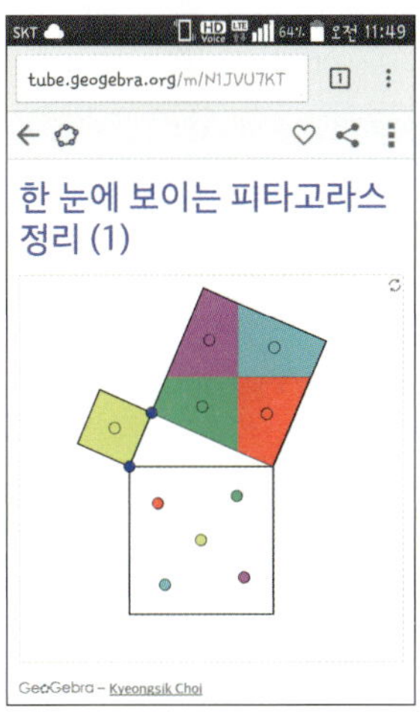

(e) 예제 실행

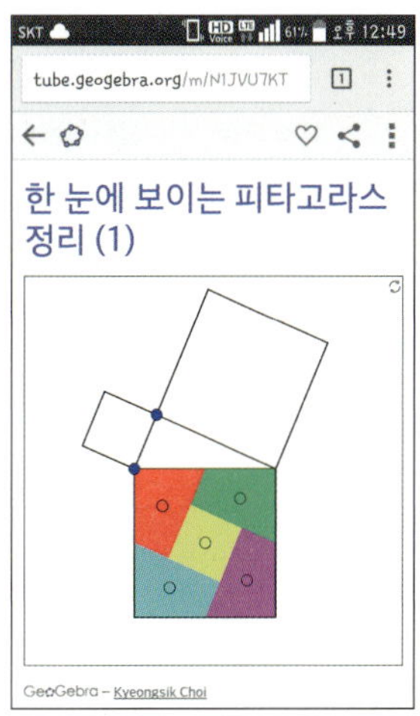

(f) 예제 실습

지오지브라 예제파일 다운로드

한국지오지브라연구소 공식 네이버 카페(www.geogebra.or.kr)를 방문하여 **질문답변/자료 - 한 눈에 보이는 피타고라스 정리**를 클릭하면 이 책의 지오지브라 예제 파일을 다운로드 할 수 있습니다.

그림 1: 한국지오지브라연구소 공식 네이버 카페

피타고라스 정리

피타고라스 정리

직각삼각형에서 빗변을 한 변으로 하는 정사각형의 넓이는 다른 두 변을 각각 한 변으로 하는 두 정사각형의 넓이의 합과 같다.[a]

$$a^2 + b^2 = c^2$$

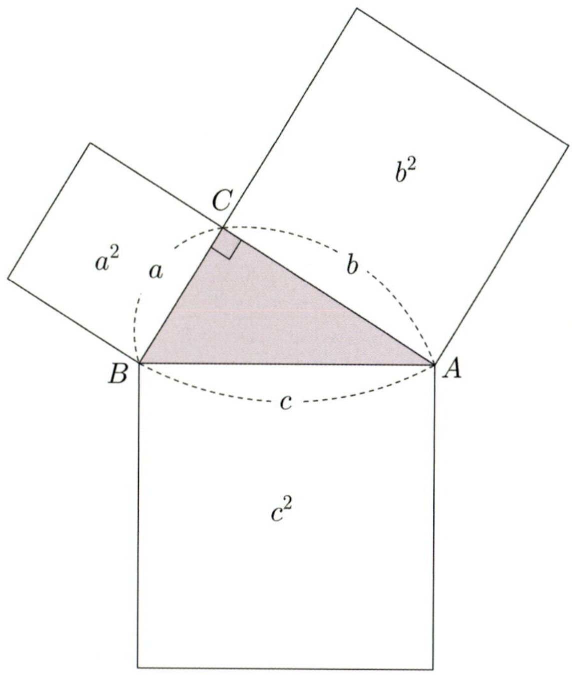

[a]피타고라스 정리는 100가지가 넘는 다양한 증명방법이 있습니다. Cut The Knot 웹사이트(www.cut-the-knot.org/pythagoras/index.shtml)에서는 피타고라스 정리에 대한 다양한 증명방법을 찾아볼 수 있습니다.

차례

I

조각 맞추기

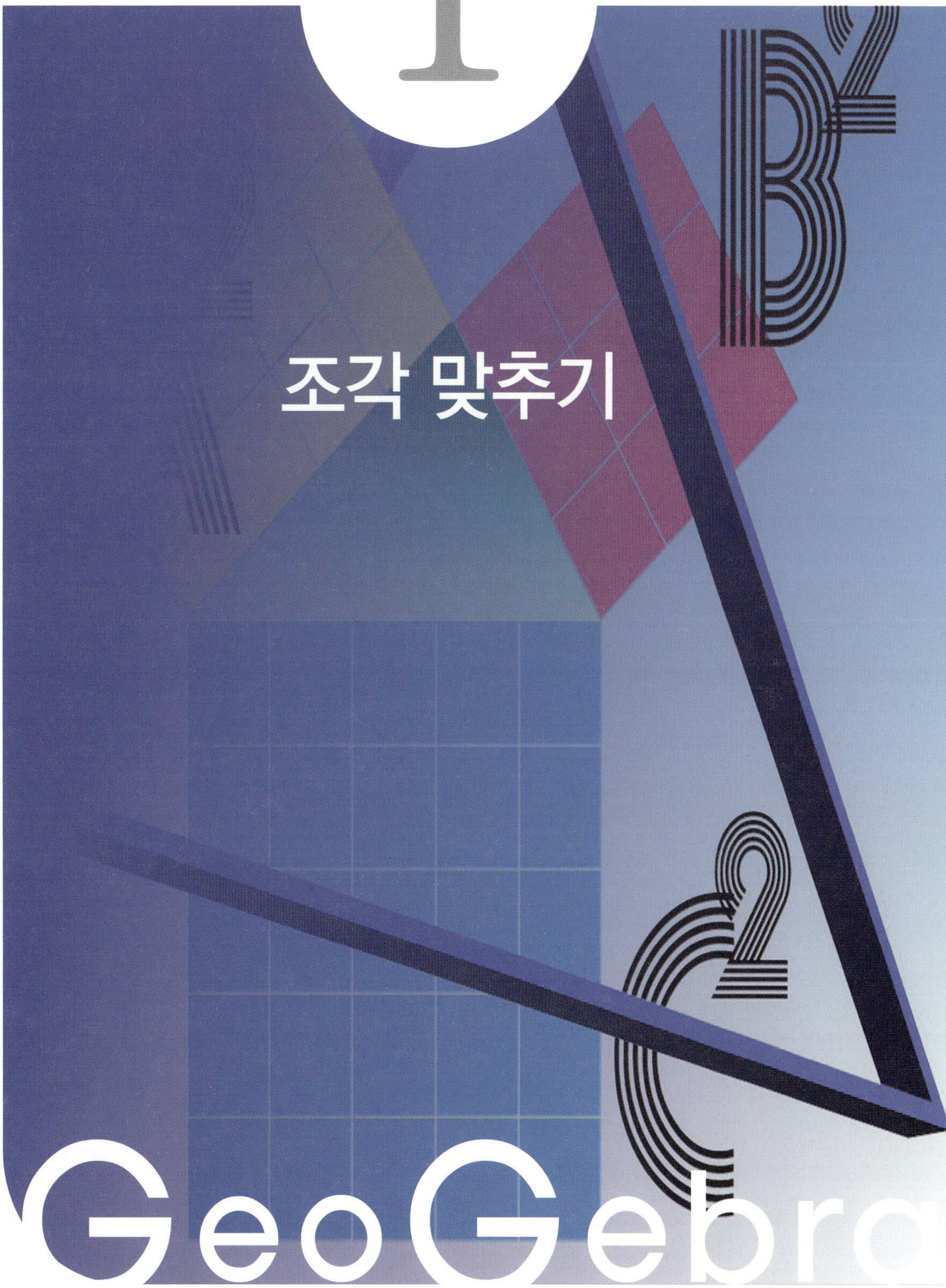

1. 조각 맞추기

조각 맞추기 1

크기가 작은 두 정사각형 안의 조각을 직각삼각형 아래의 가장 큰 정사각형에 채워 보세요.

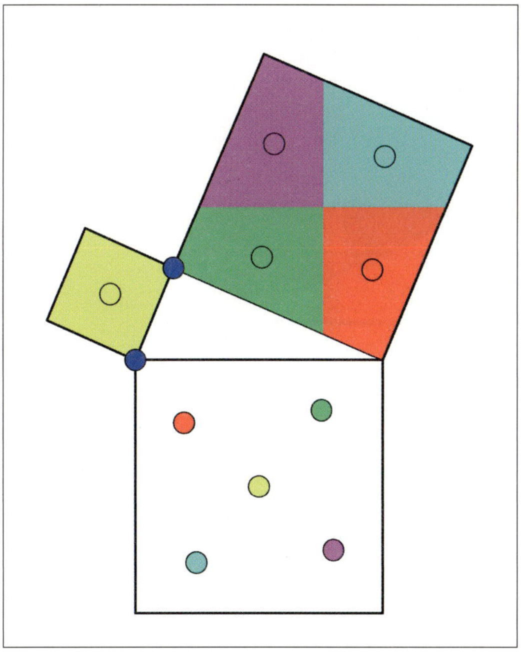

http://ggbtu.be/mN1JVU7KT

핸드폰이나 태블릿 PC에서 QR 코드를 촬영하면 그림에 제시된 도형을 움직여 볼 수 있습니다.

QR코드의 사용법은 책 앞부분에 설명되어 있습니다.

연필로 그리며 생각해 보기

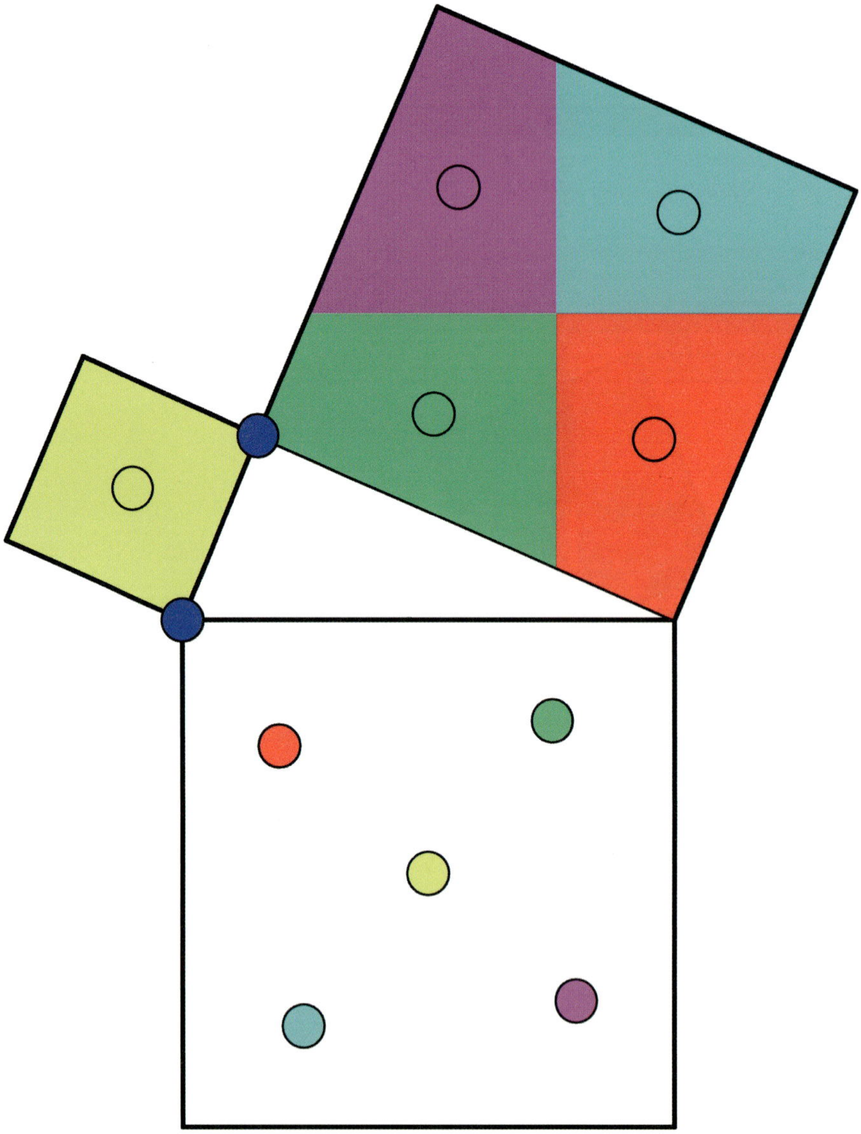

연필로 그리며 생각해 보기(인쇄용)

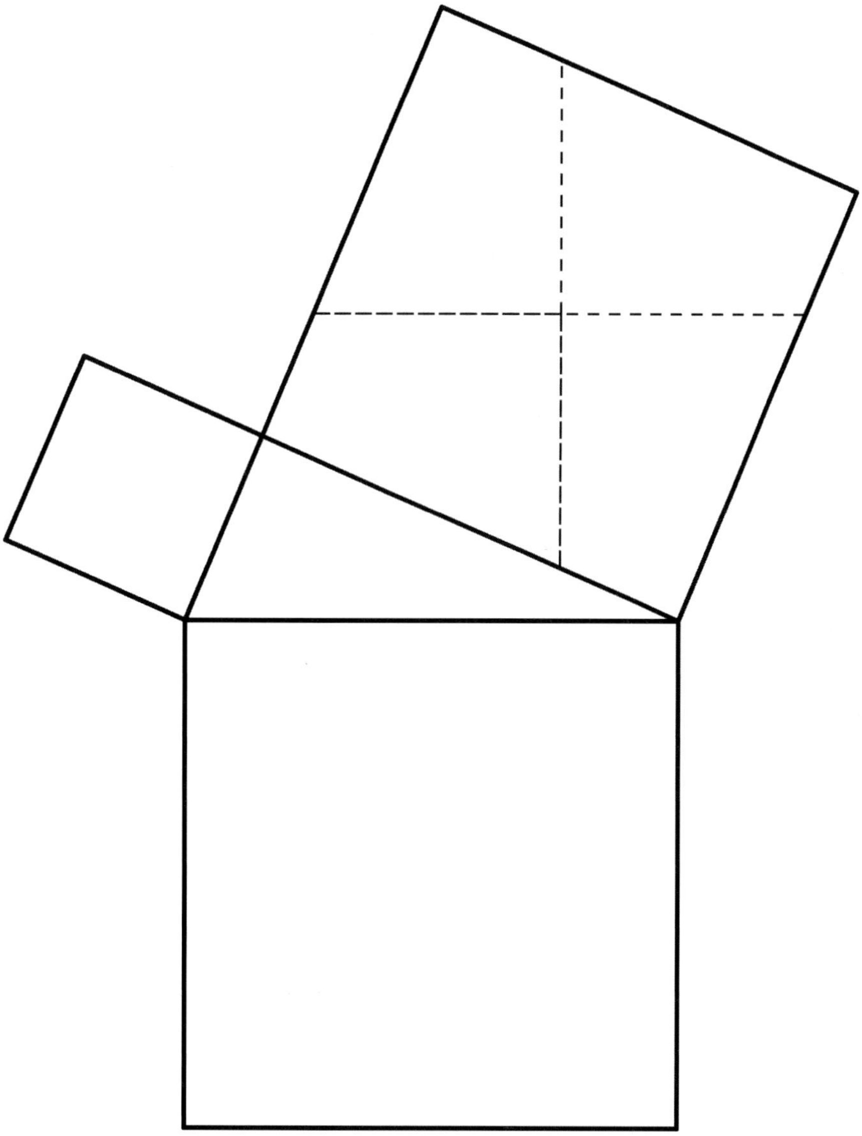

해설

1 크기가 작은 두 정사각형 안의 조각을 직각삼각형 아래의 가장 큰 정사각형에 채워넣는 문제입니다.

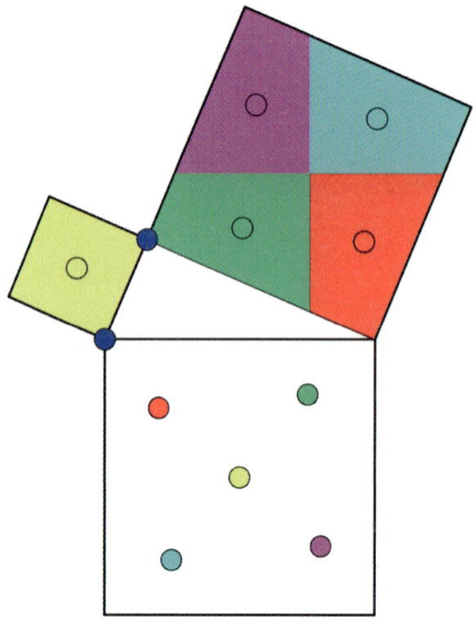

2 연두색 조각을 가장 큰 정사각형의 한 모서리에 놓습니다.

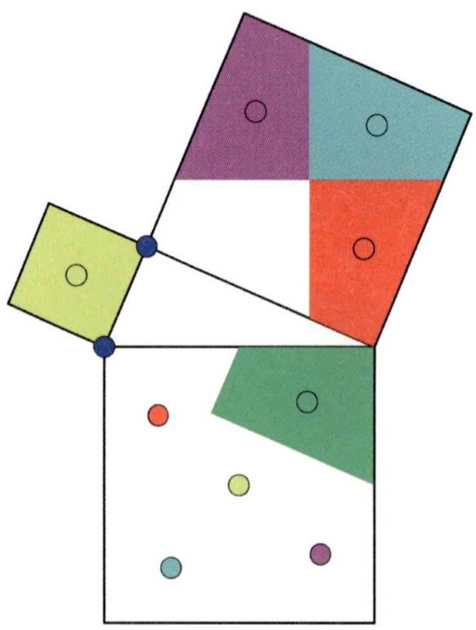

③ 빨간색 조각을 가장 큰 정사각형의 한 모서리에 놓습니다.

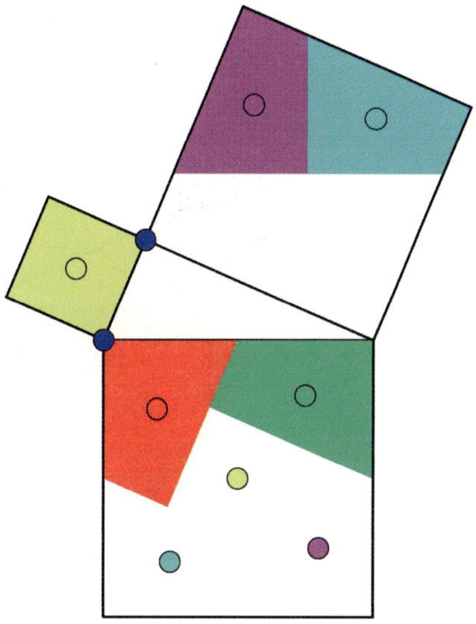

④ 자주색 조각을 가장 큰 정사각형의 한 모서리에 놓습니다.

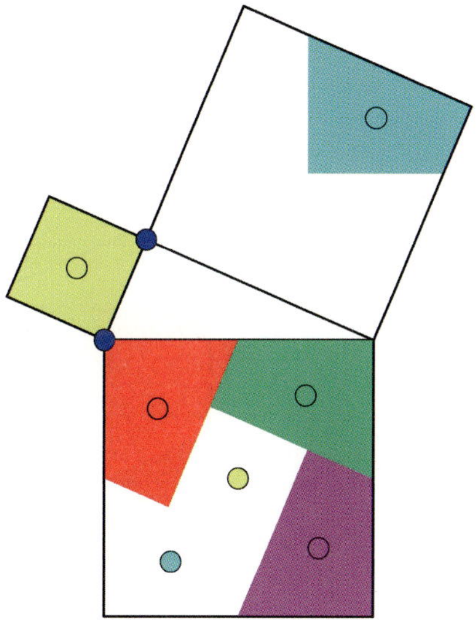

⑤ 하늘색 조각을 가장 큰 정사각형의 한 모서리에 놓습니다.

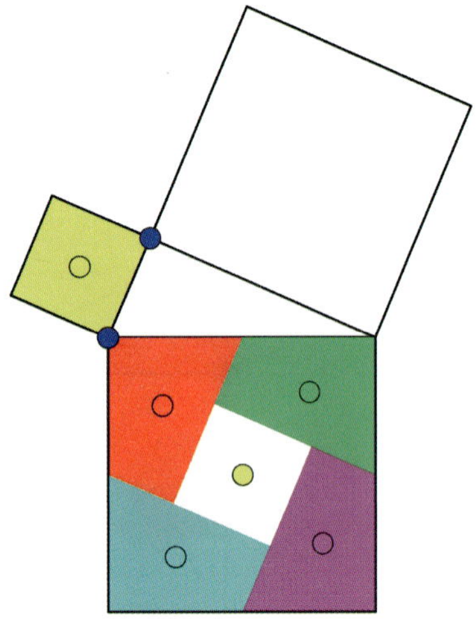

⑥ 노란색 조각을 가장 큰 정사각형의 가운데에 놓습니다. 이를 통해 두 정사각형의 넓이의 합이 가장 큰 정사각형의 넓이와 같다는 것을 알 수 있습니다.

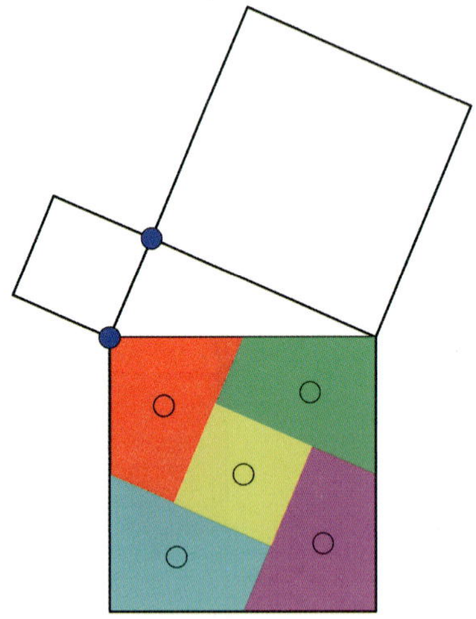

조각 맞추기 2

크기가 작은 두 정사각형 안의 조각을 직각삼각형 아래의 가장 큰 정사각형에 채워 보세요.[a]

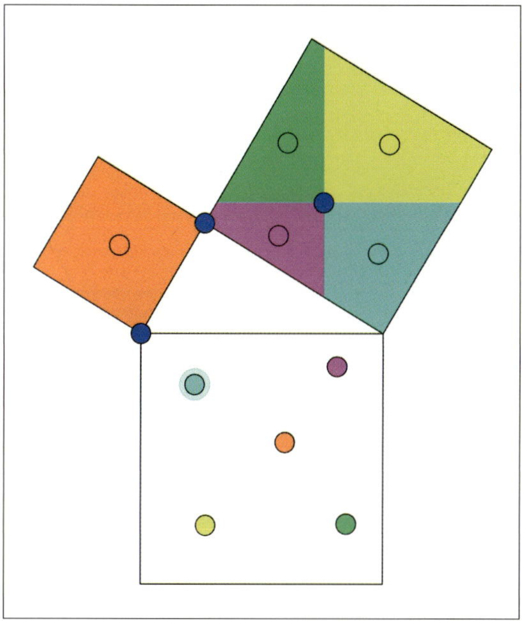

http://ggbtu.be/mtfkyiI5u

핸드폰이나 태블릿 PC에서 QR 코드를 촬영하면 그림에 제시된 도형을 움직여 볼 수 있습니다.
QR코드의 사용법은 책 앞부분에 설명되어 있습니다.

[a]오른쪽 정사각형 안의 파란색 점을 드래그하면 조각의 모양을 바꿀 수 있습니다.

연필로 그리며 생각해 보기

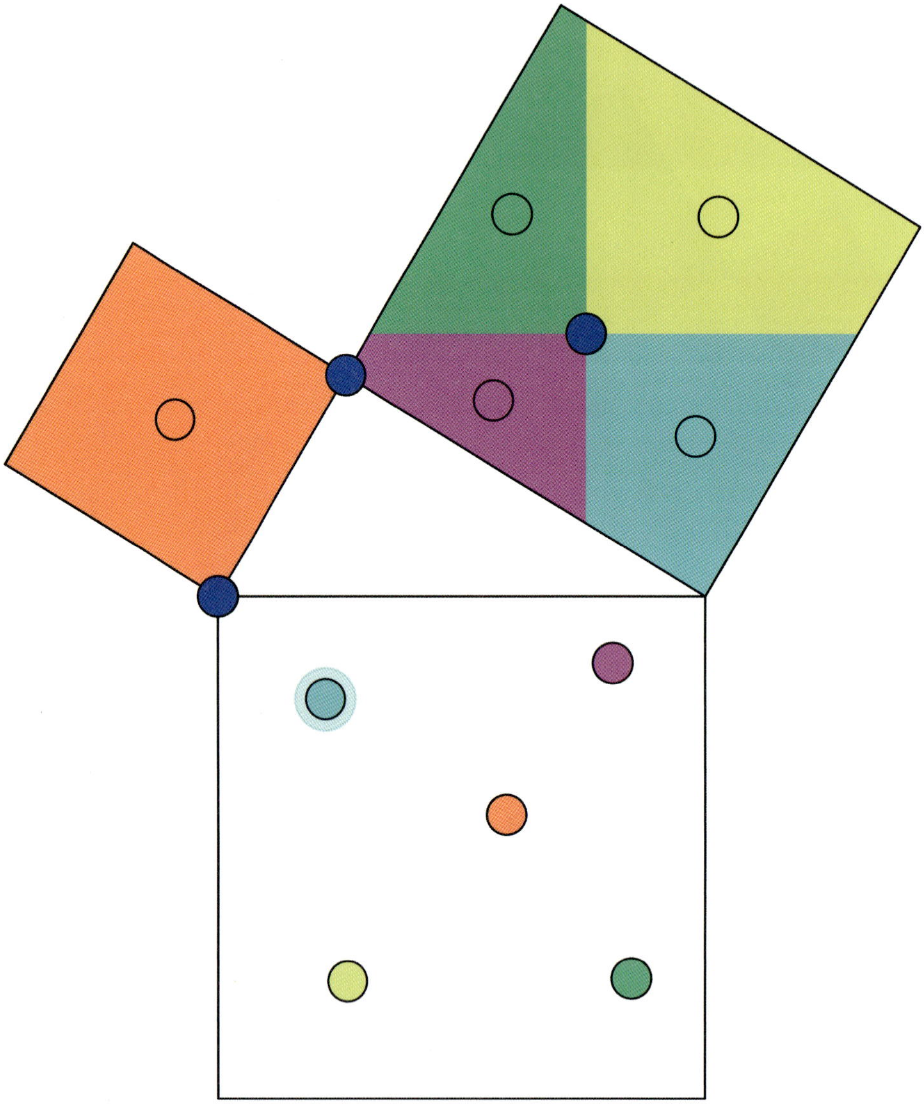

연필로 그리며 생각해 보기(인쇄용)

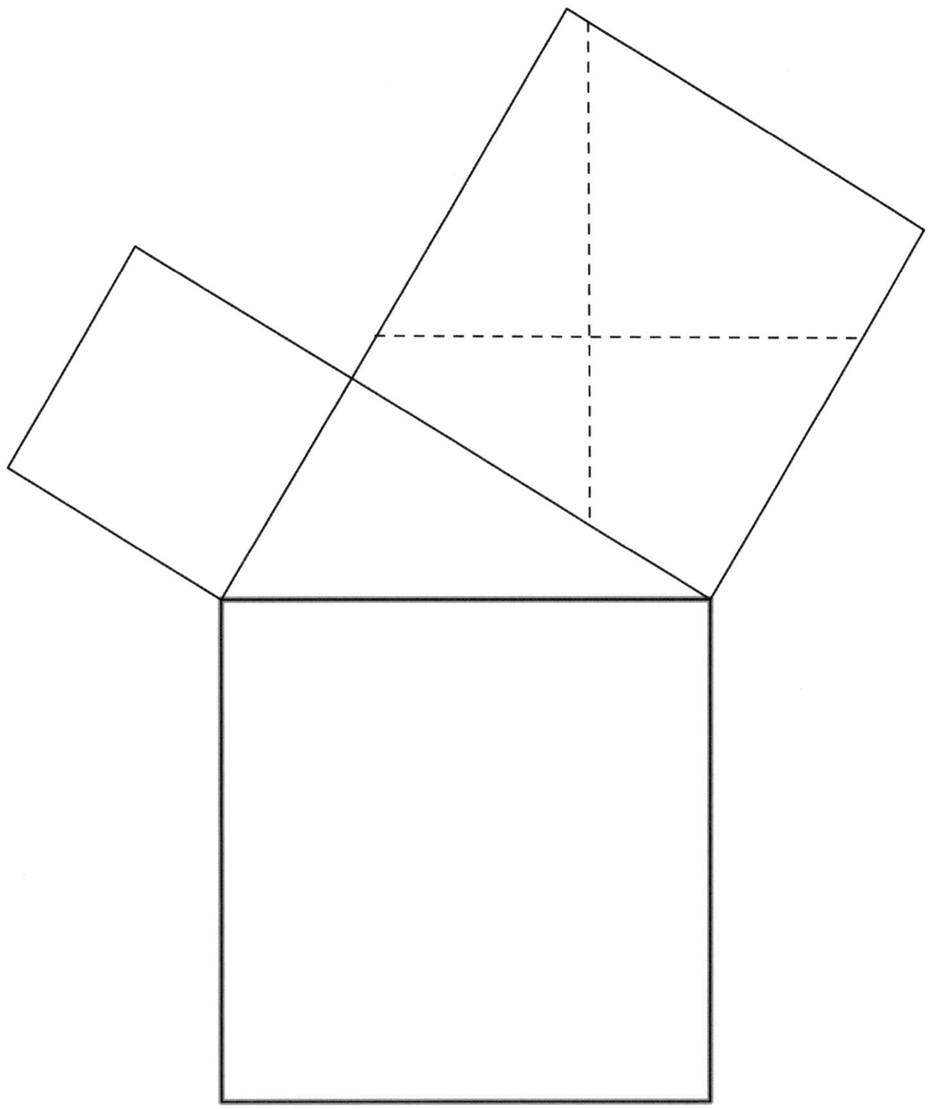

해설

1 크기가 작은 두 정사각형 안의 조각을 직각삼각형 아래의 가장 큰 정사각형에 채워넣는 문제입니다.

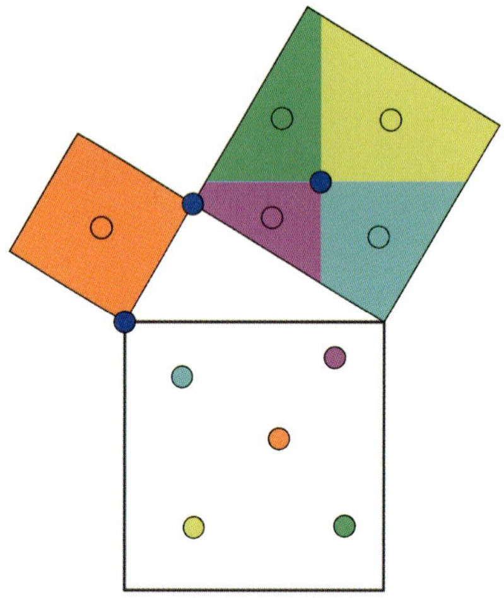

2 자주색 조각을 가장 큰 정사각형의 한 모서리에 놓습니다.

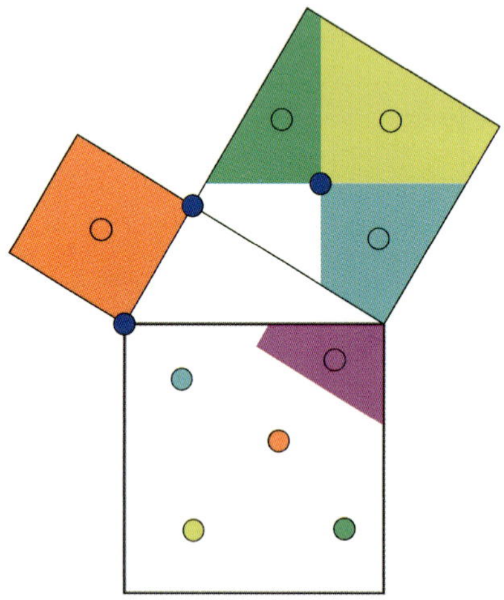

③ 하늘색 조각을 가장 큰 정사각형의 한 모서리에 놓습니다.

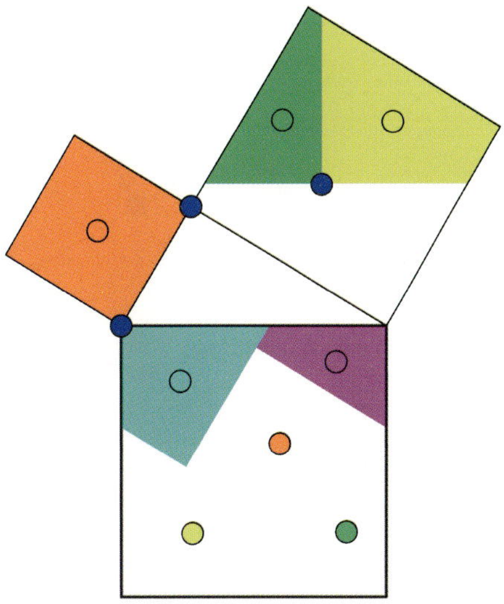

④ 연두색 조각을 가장 큰 정사각형의 한 모서리에 놓습니다.

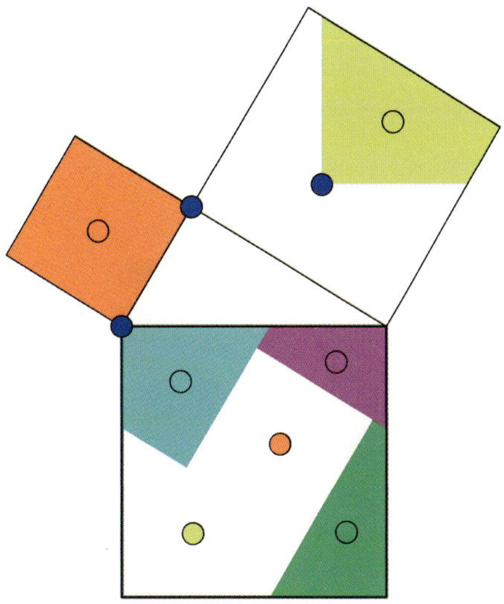

5 노란색 조각을 가장 큰 정사각형의 한 모서리에 놓습니다.

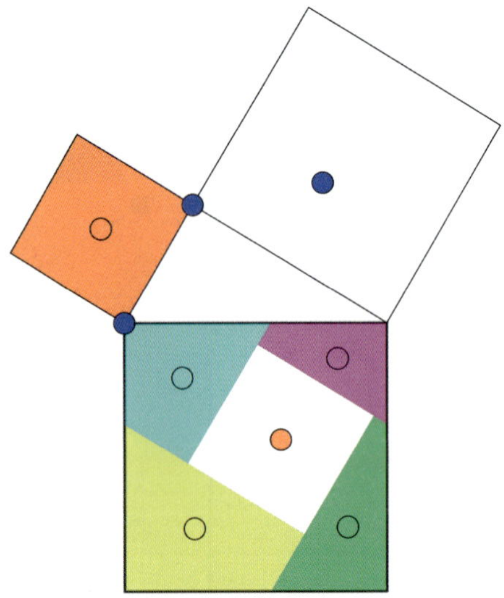

6 갈색 조각을 가장 큰 정사각형의 가운데에 놓습니다. 이를 통해 두 정사각형의 넓이의 합이 가장 큰 정사각형의 넓이와 같다는 것을 알 수 있습니다.

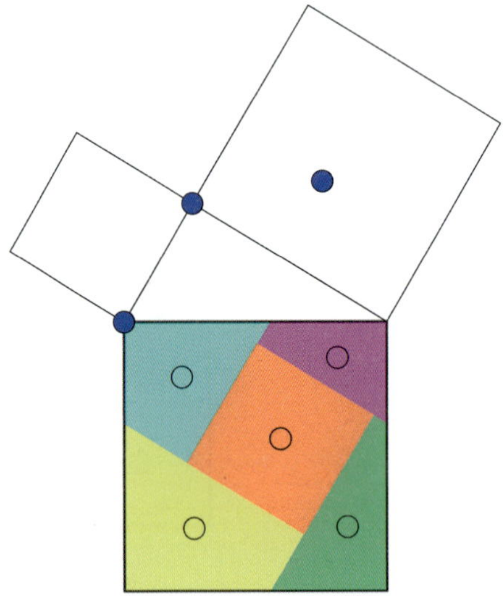

조각 맞추기 3

크기가 작은 두 정사각형 안의 조각을 직각삼각형 아래의 가장 큰 정사각형에 채워 보세요.

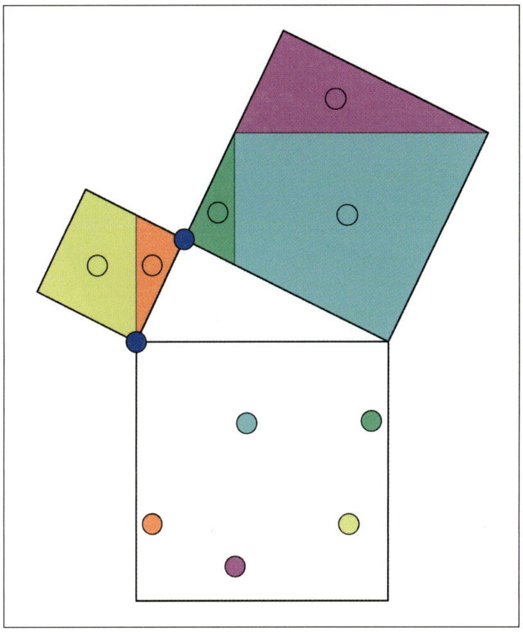

http://ggbtu.be/mqHVcRddo

핸드폰이나 태블릿 PC에서 QR 코드를 촬영하면 그림에 제시된 도형을 움직여 볼 수 있습니다.
QR코드의 사용법은 책 앞부분에 설명되어 있습니다.

연필로 그리며 생각해 보기

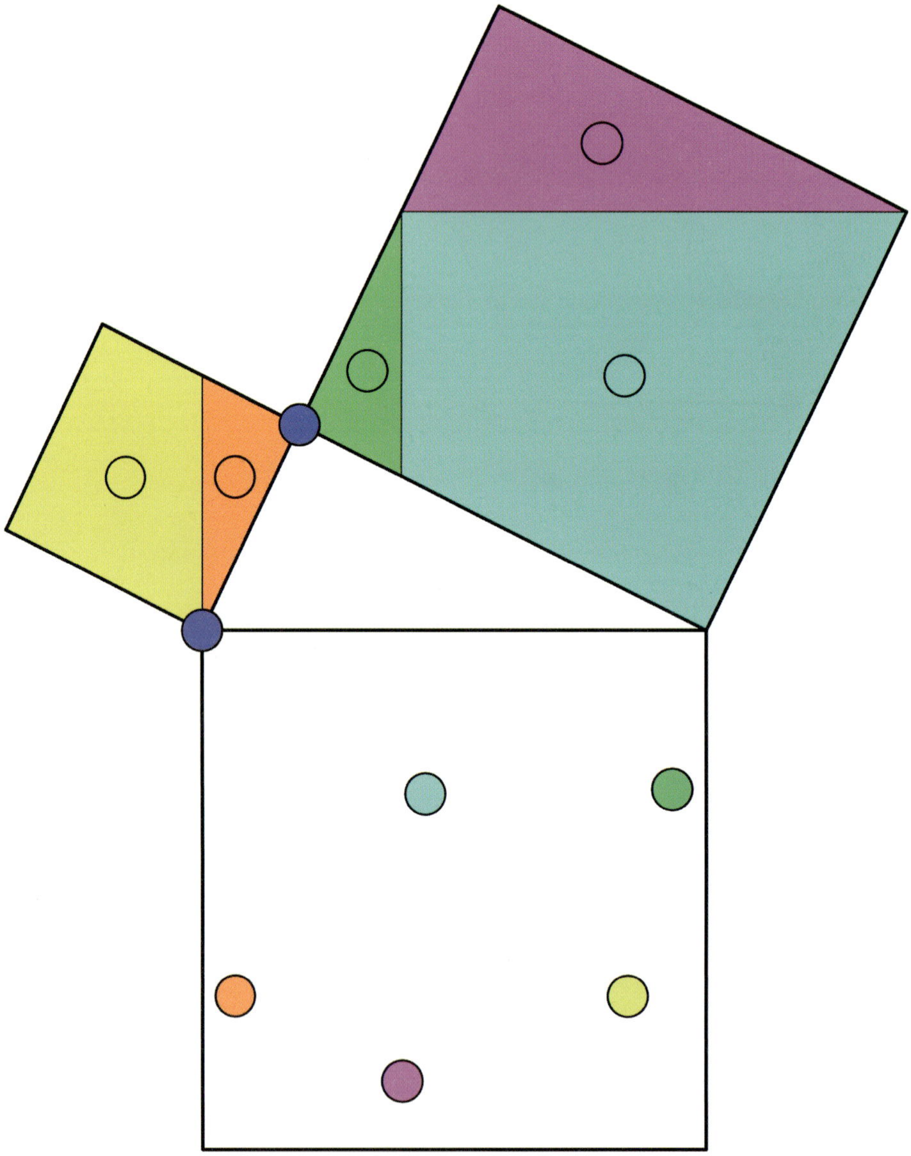

연필로 그리며 생각해 보기(인쇄용)

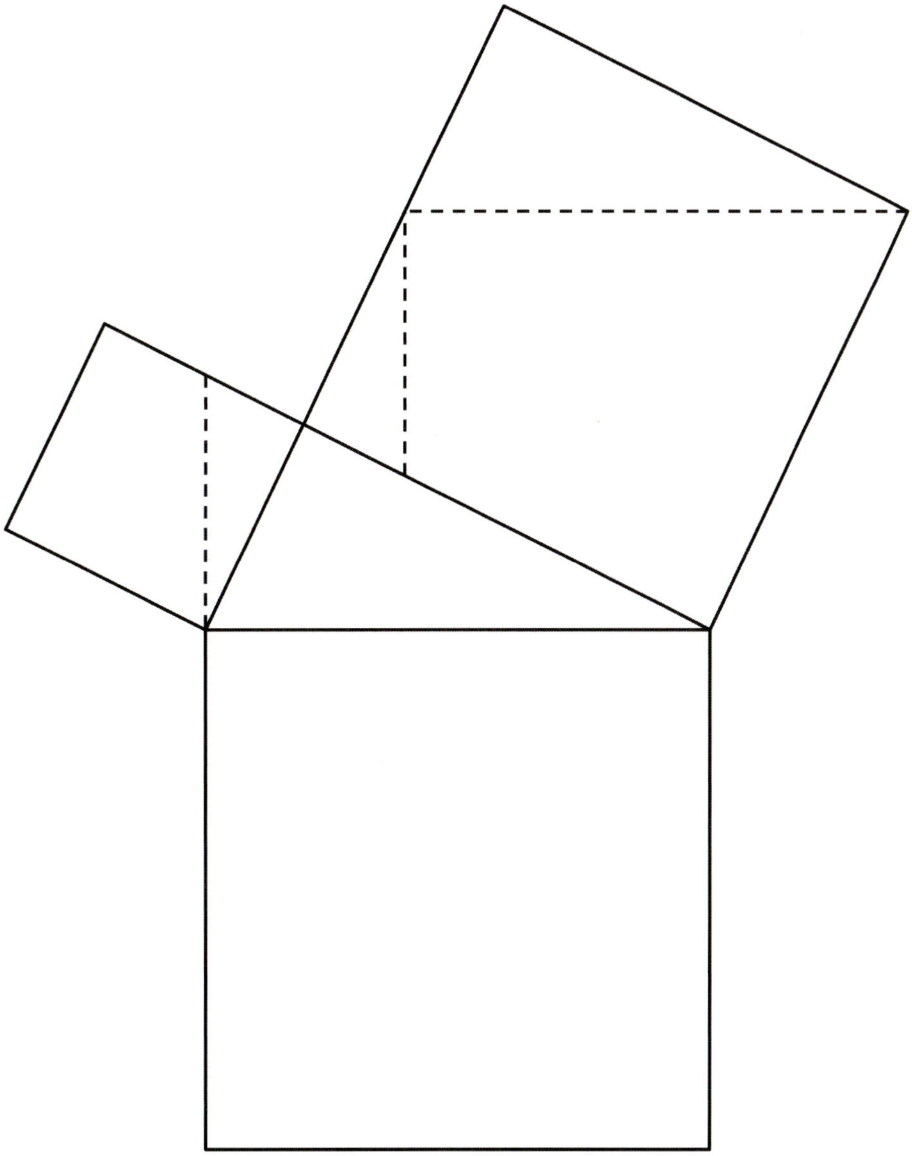

해설

① 크기가 작은 두 정사각형 안의 조각을 직각삼각형 아래의 가장 큰 정사각형에 채워넣는 문제입니다.

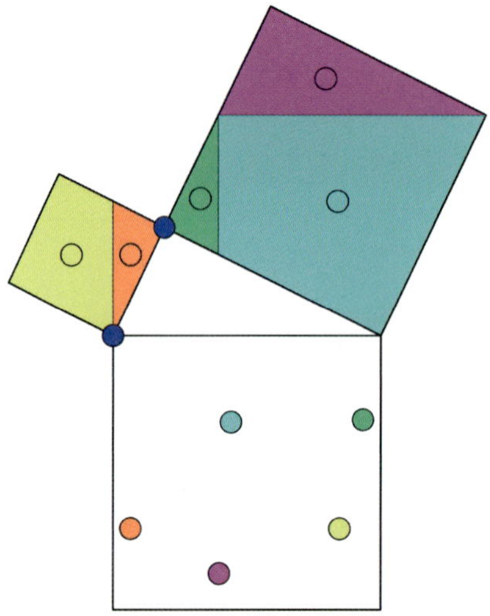

② 갈색 조각을 가장 큰 정사각형의 한 모서리에 놓습니다.

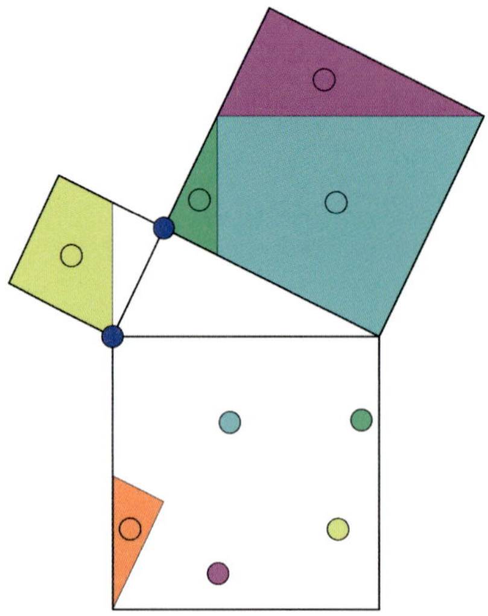

③ 노란색 조각을 가장 큰 정사각형의 한 모서리에 놓습니다.

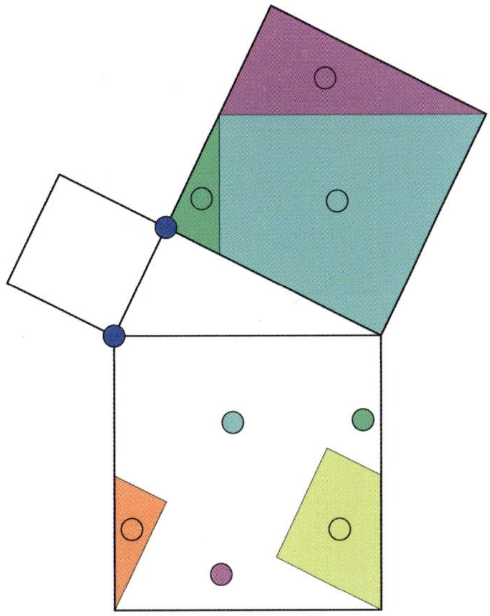

④ 연두색 조각을 노란색 조각 위에 놓습니다.

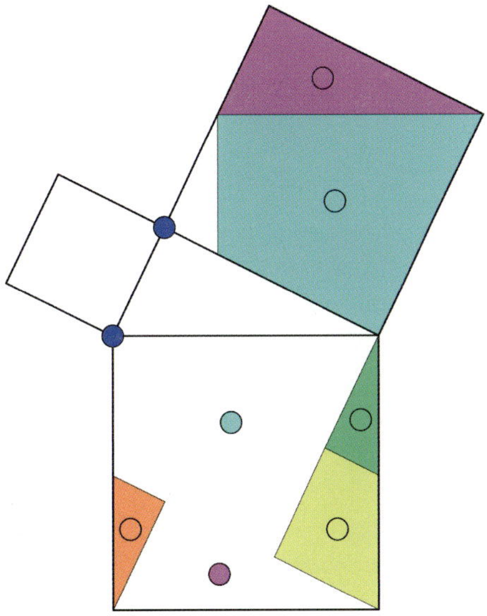

5 자주색 조각을 가장 큰 정사각형의 밑변에 놓습니다.

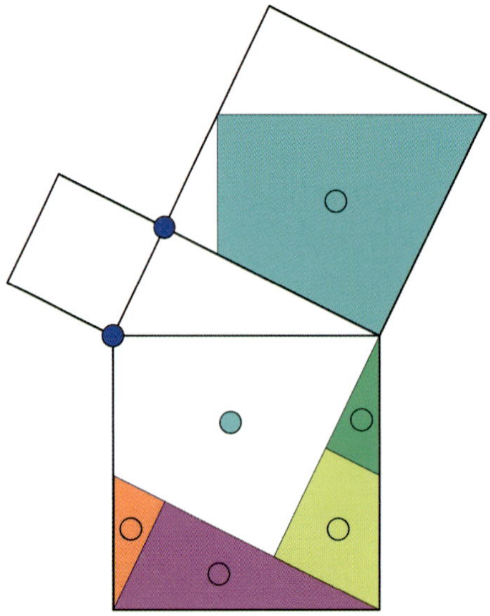

6 하늘색 조각을 가장 큰 정사각형의 나머지 부분에 놓습니다. 이를 통해 두 정사각형의 넓이의 합이 가장 큰 정사각형의 넓이와 같다는 것을 알 수 있습니다.

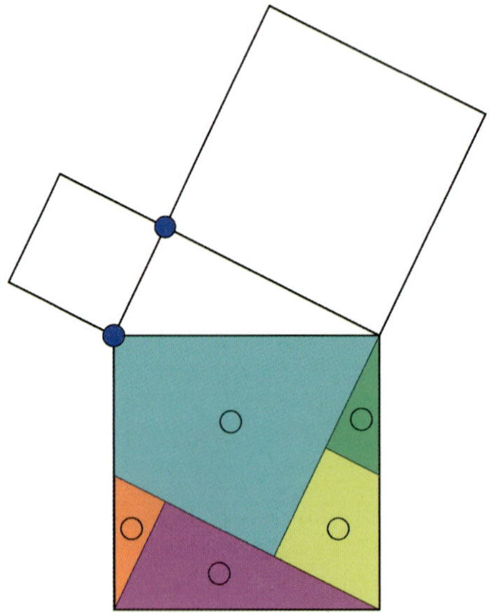

조각 맞추기 4

두 정사각형의 넓이의 합이 직각삼각형의 빗변을 한 변으로 하는 정사각형의 넓이와 같다는 것을 알 수 있도록 색칠된 조각을 다른 곳에 배치해 보세요.

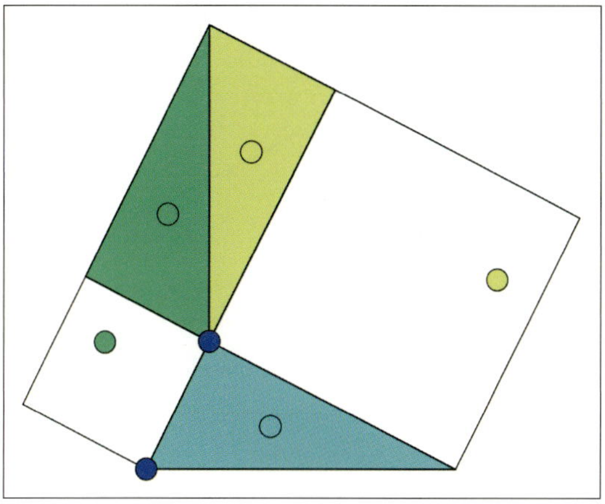

http://ggbtu.be/mzcjv0jPi

핸드폰이나 태블릿 PC에서 QR 코드를 촬영하면 그림에 제시된 도형을 움직여 볼 수 있습니다.

QR코드의 사용법은 책 앞부분에 설명되어 있습니다.

연필로 그리며 생각해 보기

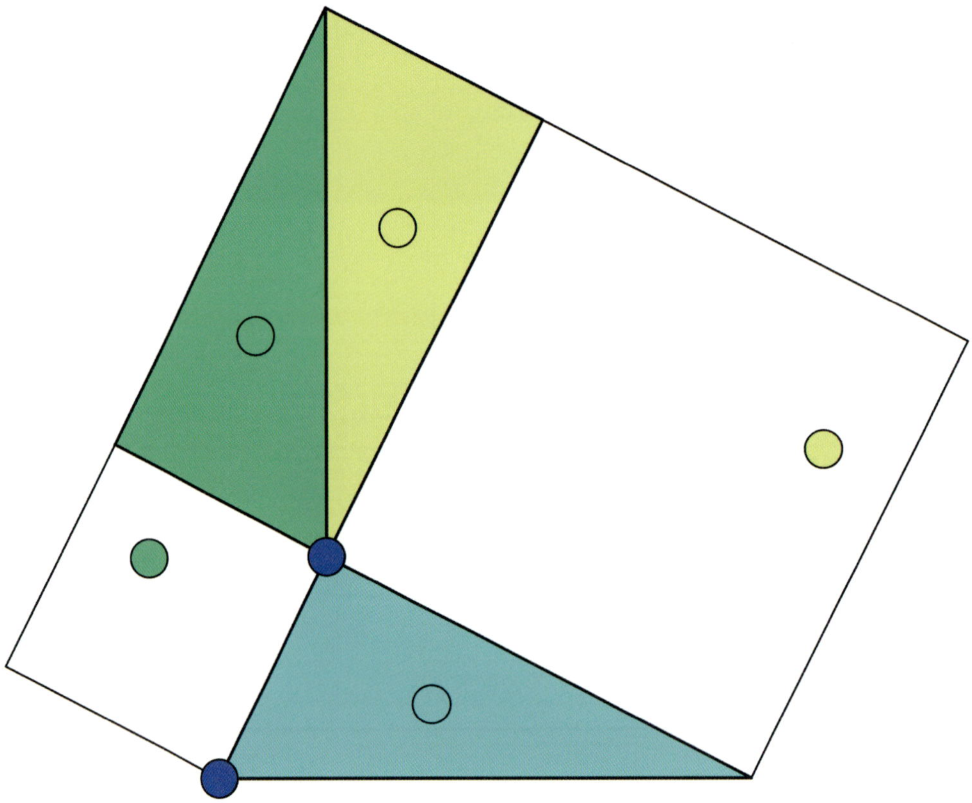

연필로 그리며 생각해 보기(인쇄용)

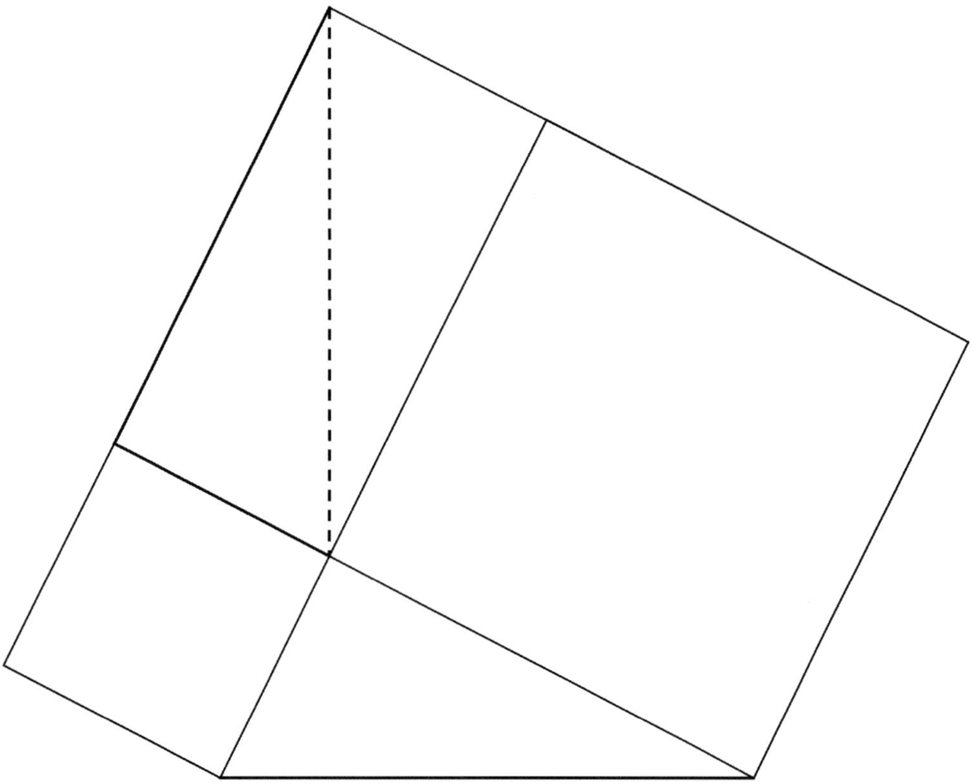

해설

1 색칠된 조각을 움직여 두 정사각형 대신 직각삼각형의 빗변을 한 변으로 하는 정사각형을 만드는 문제입니다.

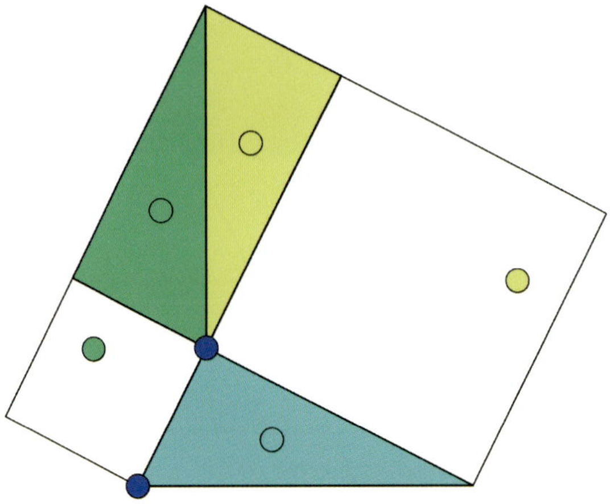

2 노란색 조각을 정사각형의 한 변에 놓습니다.

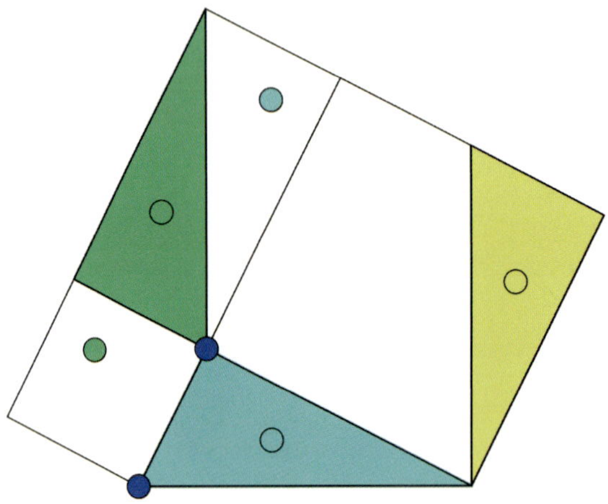

③ 연두색 조각을 다른 정사각형의 한 변에 놓습니다.

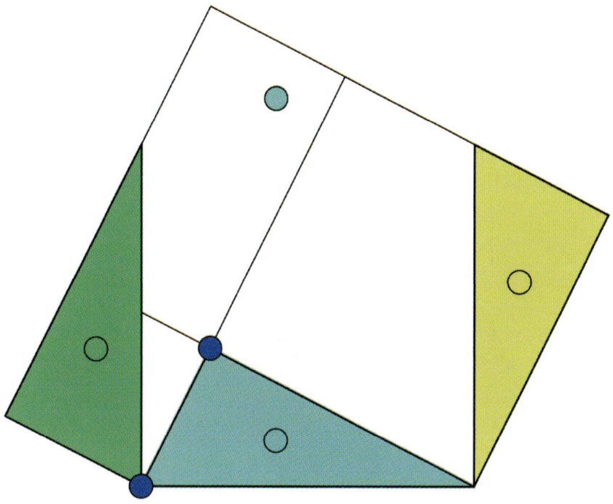

④ 하늘색 조각을 위로 올려 도형의 변에 놓으면 직각삼각형의 빗변을 한 변으로 하는 정사각형이 나타납니다. 이를 통해 두 정사각형의 넓이의 합이 직각삼각형의 빗변을 한 변으로 하는 정사각형의 넓이와 같다는 것을 알 수 있습니다.

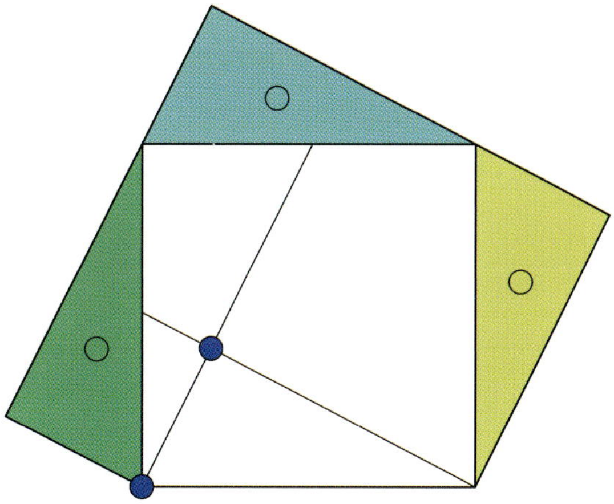

조각 맞추기 5

크기가 작은 두 정사각형 안의 조각을 직각삼각형 아래의 가장 큰 정사각형에 채워 보세요.

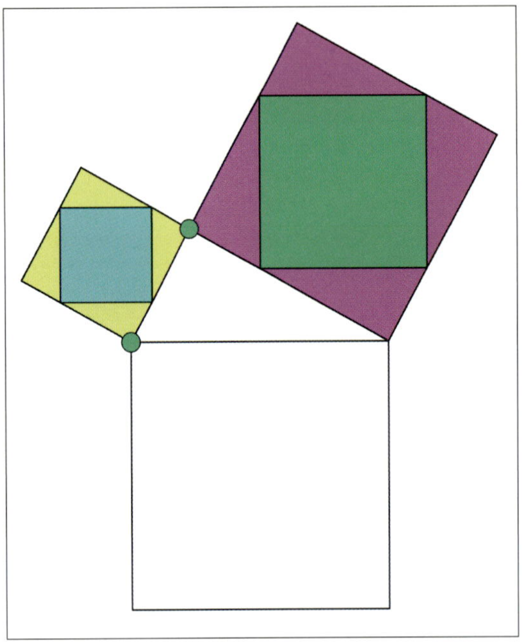

http://ggbtu.be/mN3dEaDSK

핸드폰이나 태블릿 PC에서 QR 코드를 촬영하면 그림에 제시된 도형을 움직여 볼 수 있습니다.
QR코드의 사용법은 책 앞부분에 설명되어 있습니다.

연필로 그리며 생각해 보기

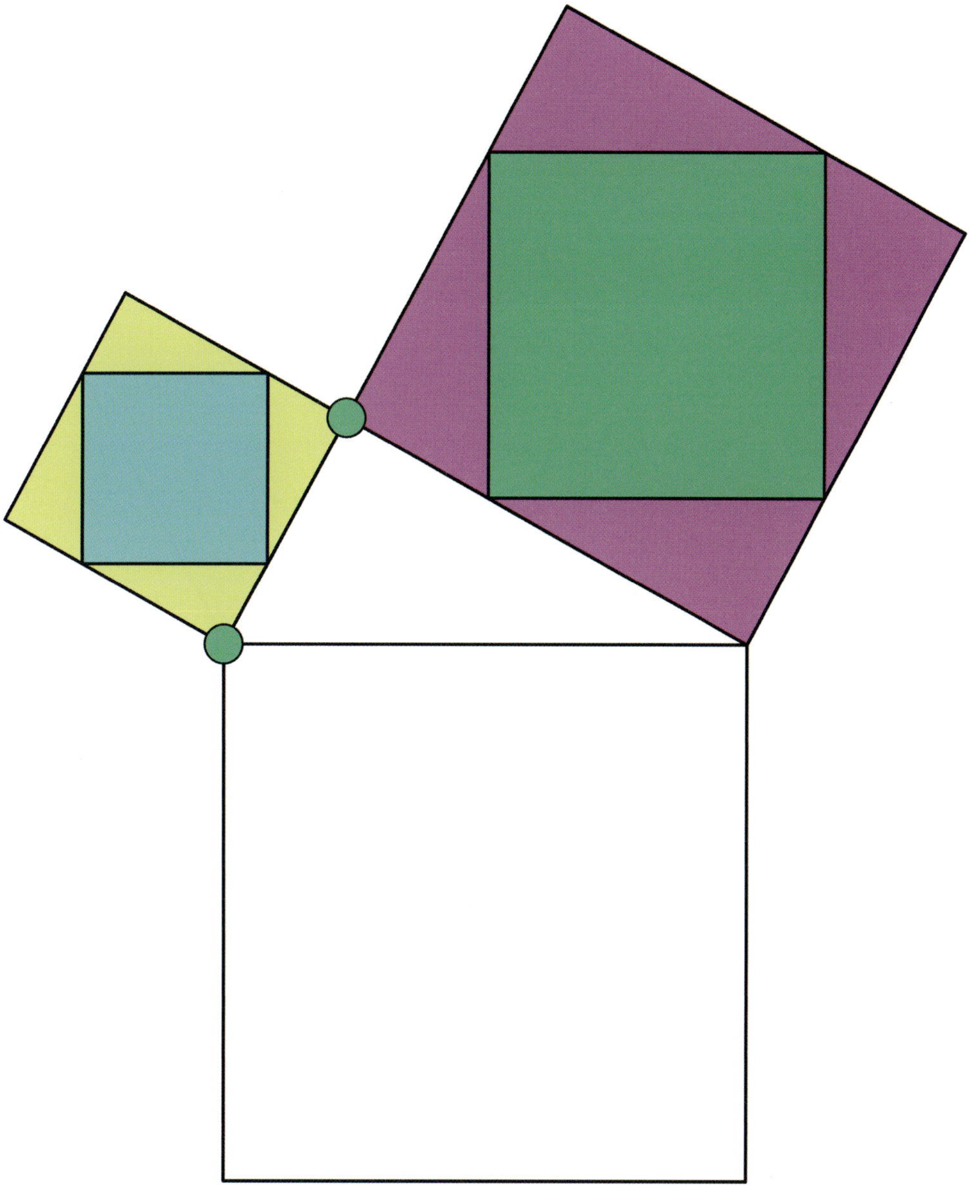

연필로 그리며 생각해 보기(인쇄용)

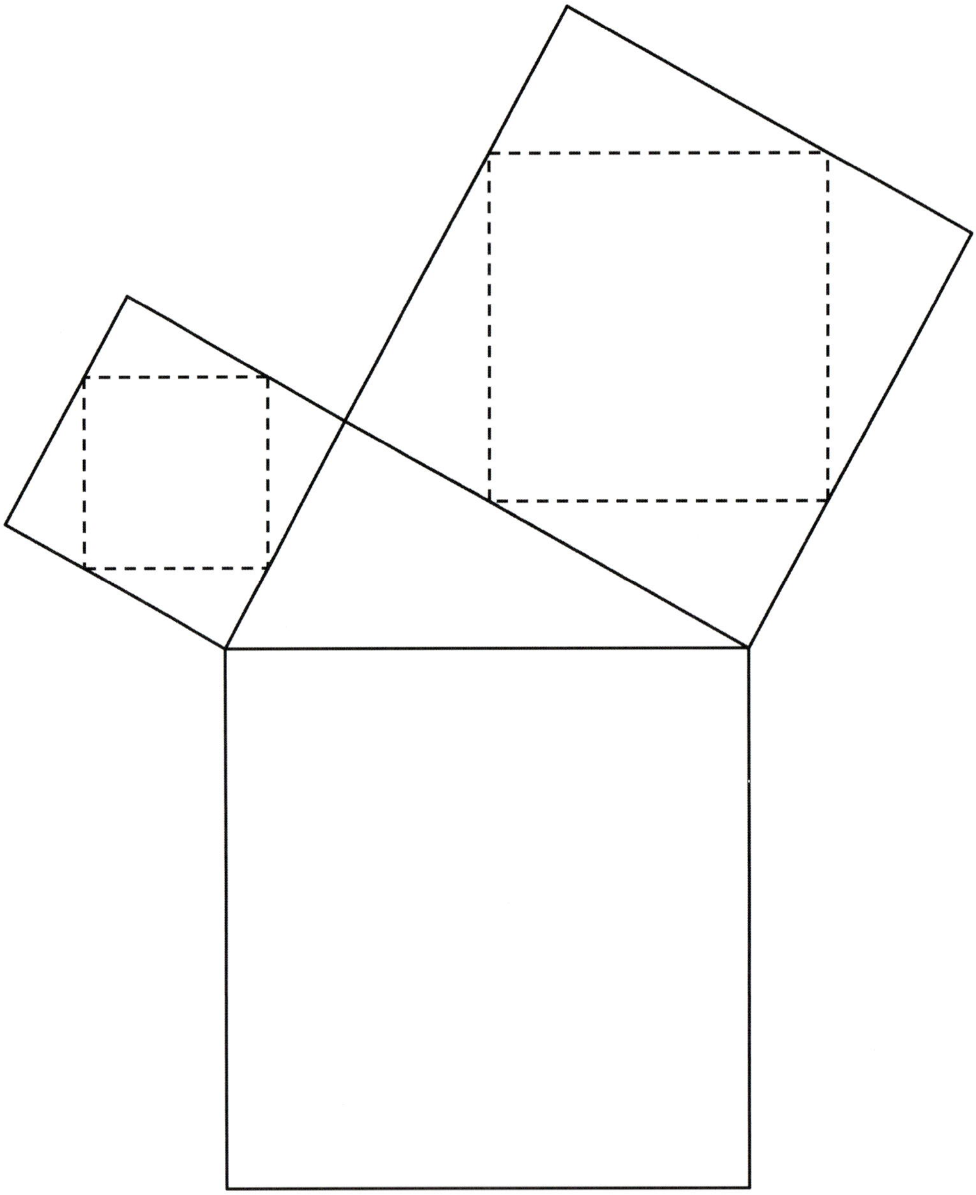

해설

① 크기가 작은 두 정사각형 안의 조각을 직각삼각형 아래의 가장 큰 정사각형에 채워넣는 문제입니다.

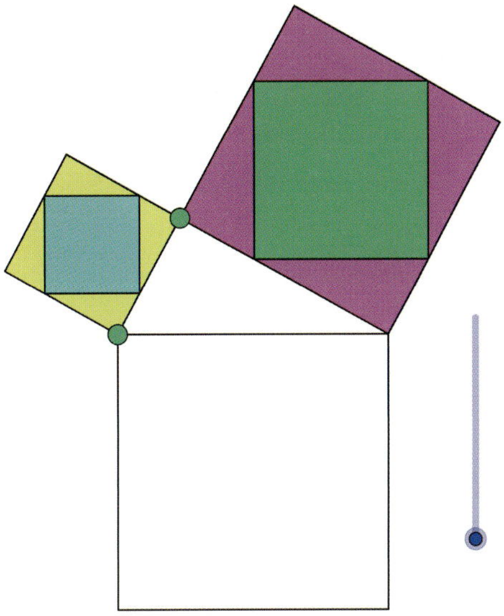

② 하늘색, 연두색 정사각형을 가장 큰 정사각형의 모서리에 마주보도록 놓습니다.

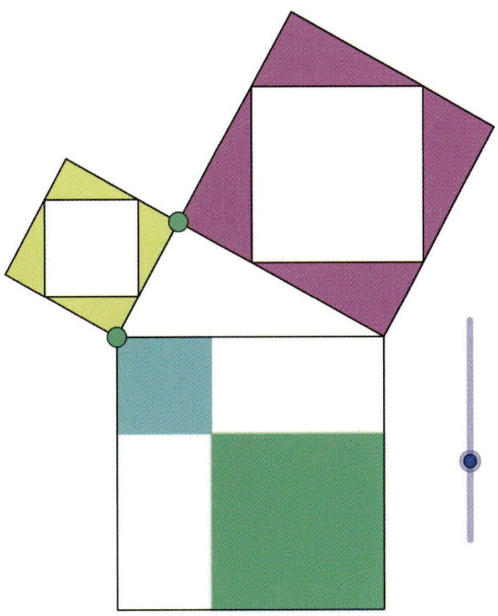

③ 자주색 조각을 나머지 빈 공간에 어긋나게 놓습니다.

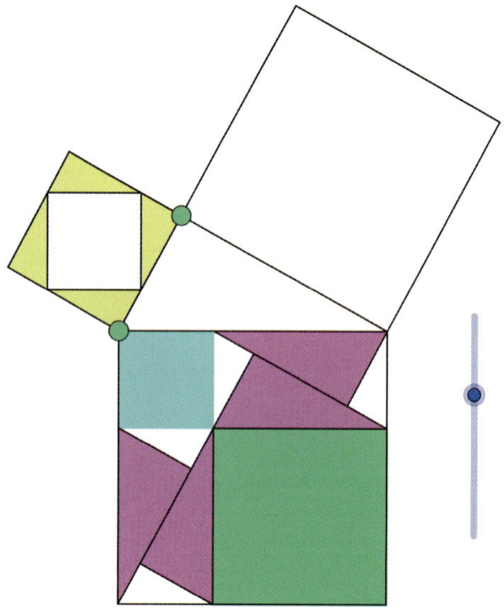

④ 노란색 조각을 나머지 빈 공간에 놓습니다. 이를 통해 두 정사각형의 넓이의 합이 가장 큰 정사각형의 넓이와 같다는 것을 알 수 있습니다.

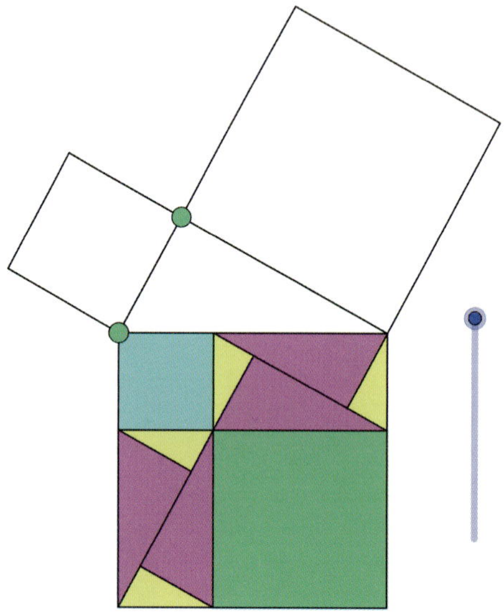

조각 맞추기 6

크기가 작은 두 정사각형 안의 조각을 직각삼각형 아래의 가장 큰 정사각형에 채워 보세요.

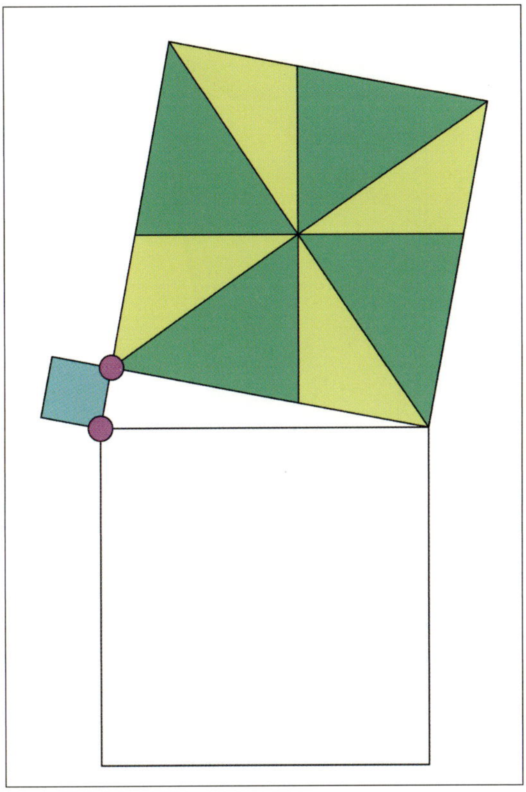

http://ggbtu.be/mZoTTtTv7

핸드폰이나 태블릿 PC에서 QR 코드를 촬영하면 그림에 제시된 도형을 움직여 볼 수 있습니다.

QR코드의 사용법은 책 앞부분에 설명되어 있습니다.

연필로 그리며 생각해 보기

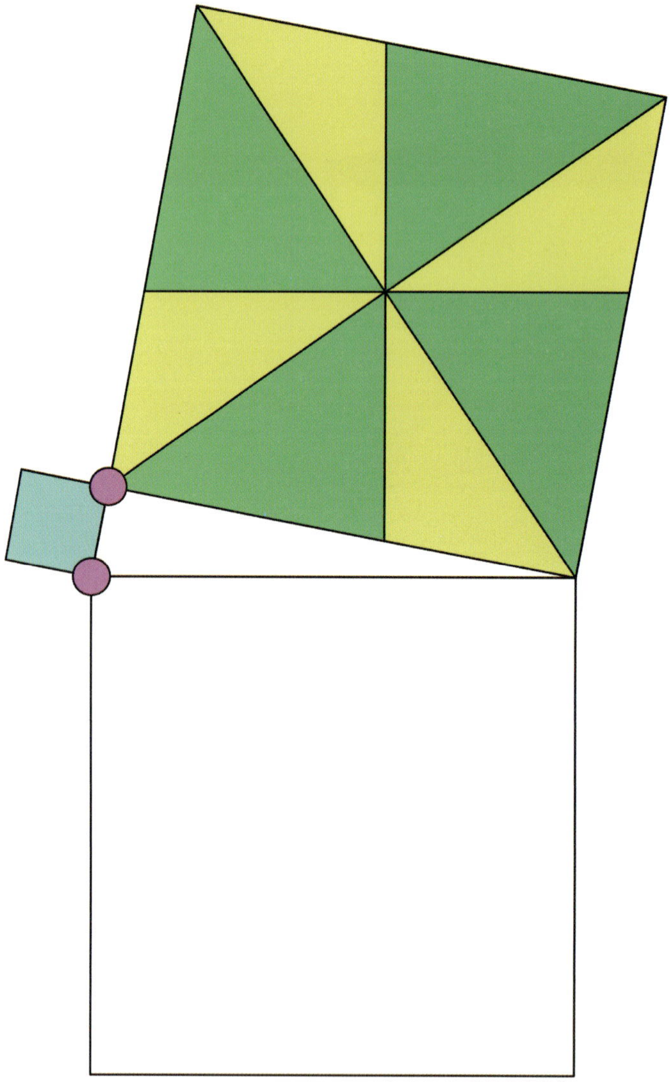

연필로 그리며 생각해 보기(인쇄용)

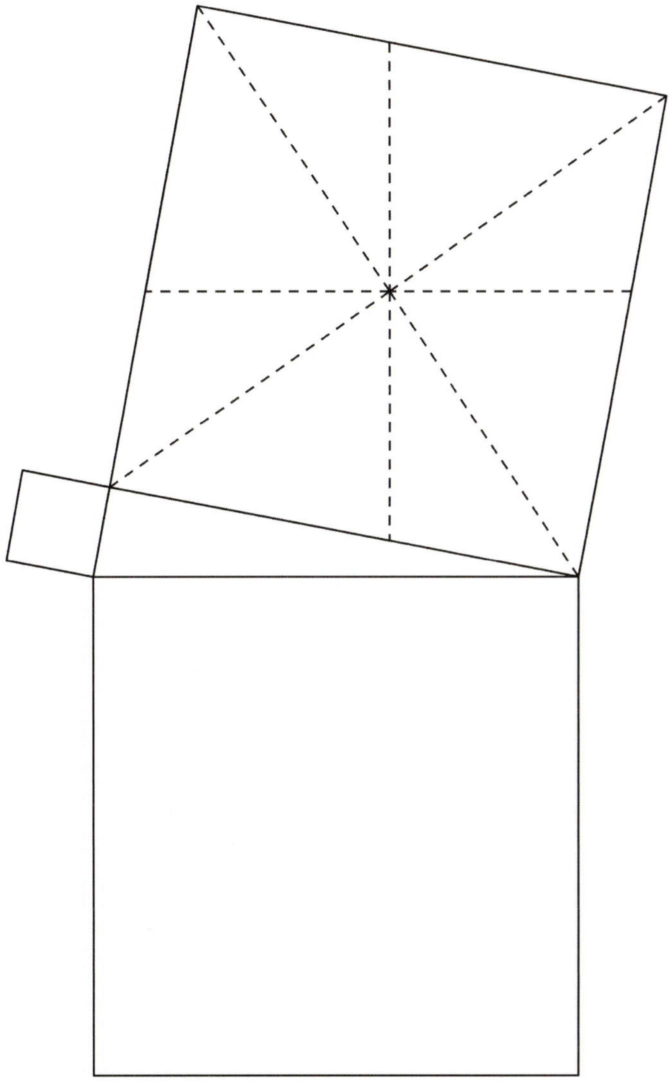

해설

① 크기가 작은 두 정사각형 안의 조각을 직각삼각형 아래의 가장 큰 정사각형에 채워넣는 문제입니다.

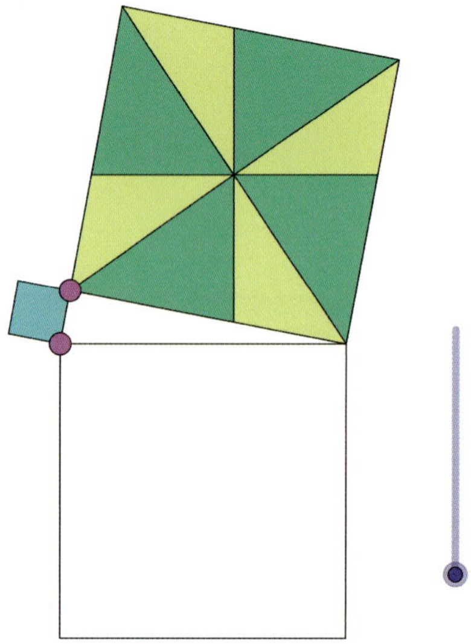

② 노란색 조각을 가장 큰 정사각형의 각 꼭짓점에 놓습니다.

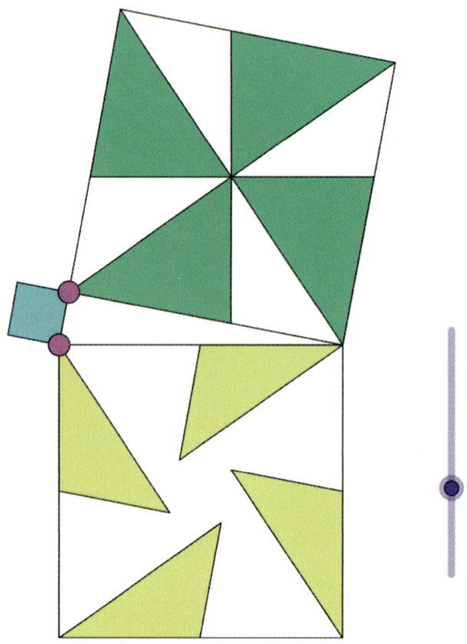

③ 노란색 조각 사이로 연두색 조각을 놓습니다.

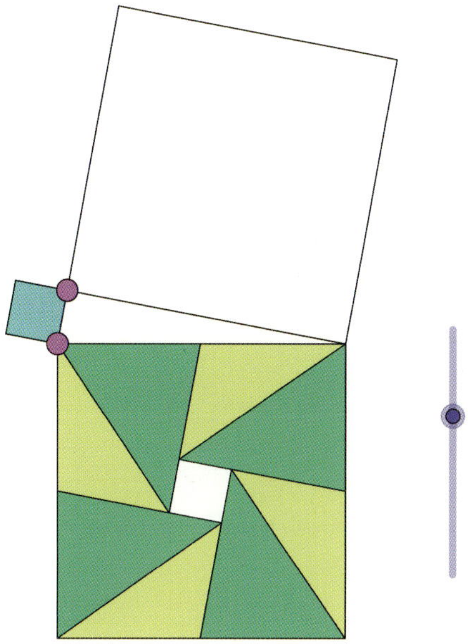

④ 하늘색 조각을 가장 큰 정사각형의 가운데에 놓습니다. 이를 통해 두 정사각형의 넓이의 합이 가장 큰 정사각형의 넓이와 같다는 것을 알 수 있습니다.

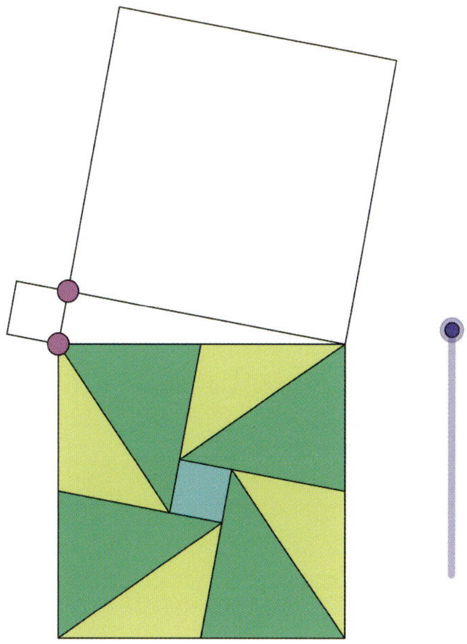

조각 맞추기 7

크기가 작은 두 정사각형 안의 조각을 직각삼각형 아래의 가장 큰 정사각형에 채워 보세요.

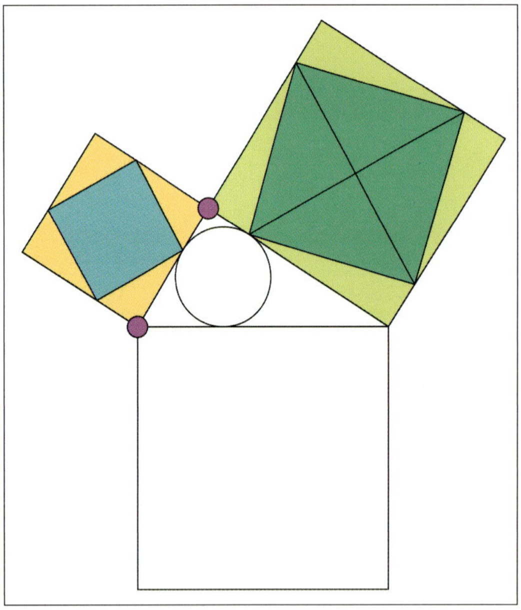

http://ggbtu.be/mVhZYs7Zi

핸드폰이나 태블릿 PC에서 QR 코드를 촬영하면 그림에 제시된 도형을 움직여 볼 수 있습니다.
QR코드의 사용법은 책 앞부분에 설명되어 있습니다.

연필로 그리며 생각해 보기

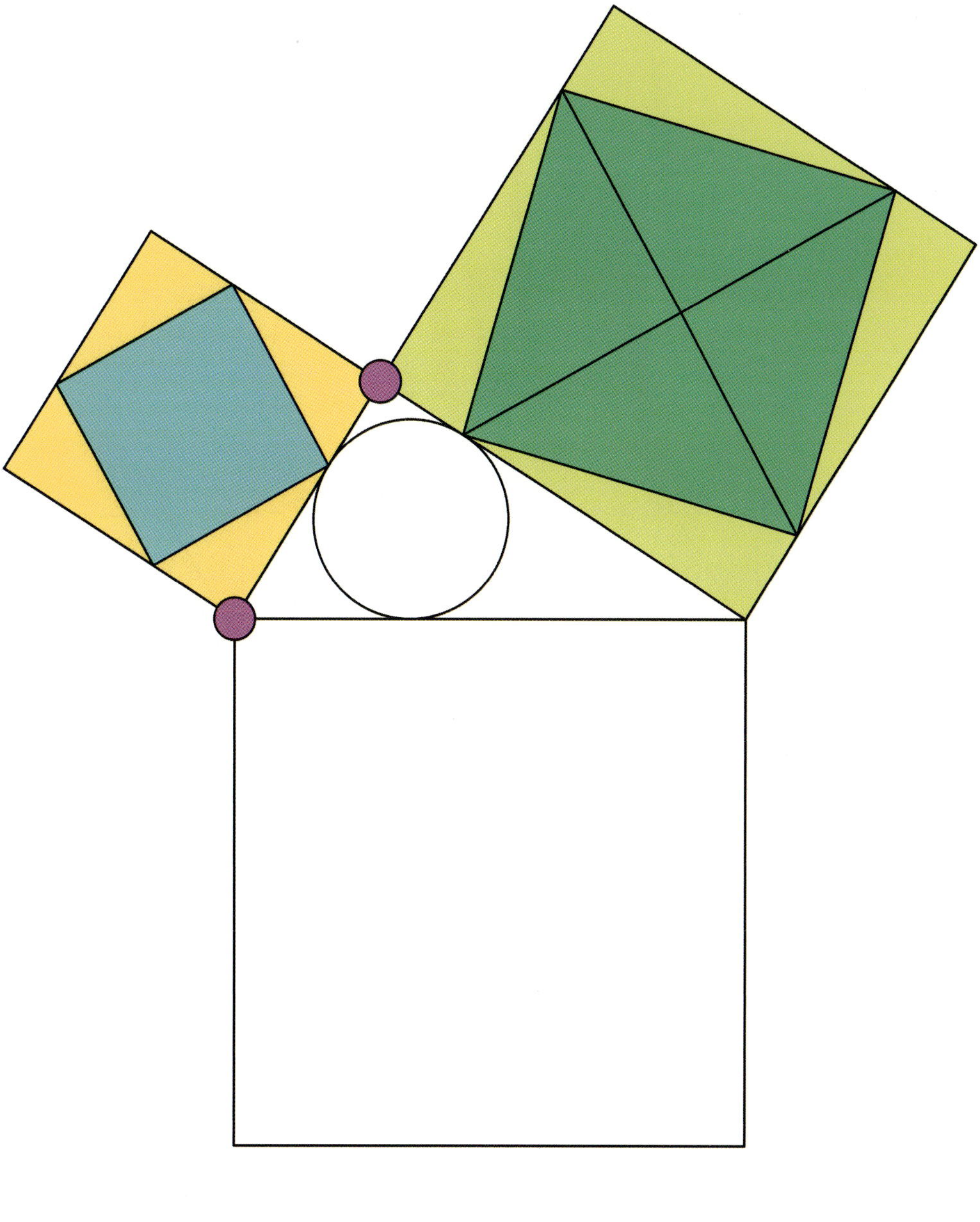

연필로 그리며 생각해 보기(인쇄용)

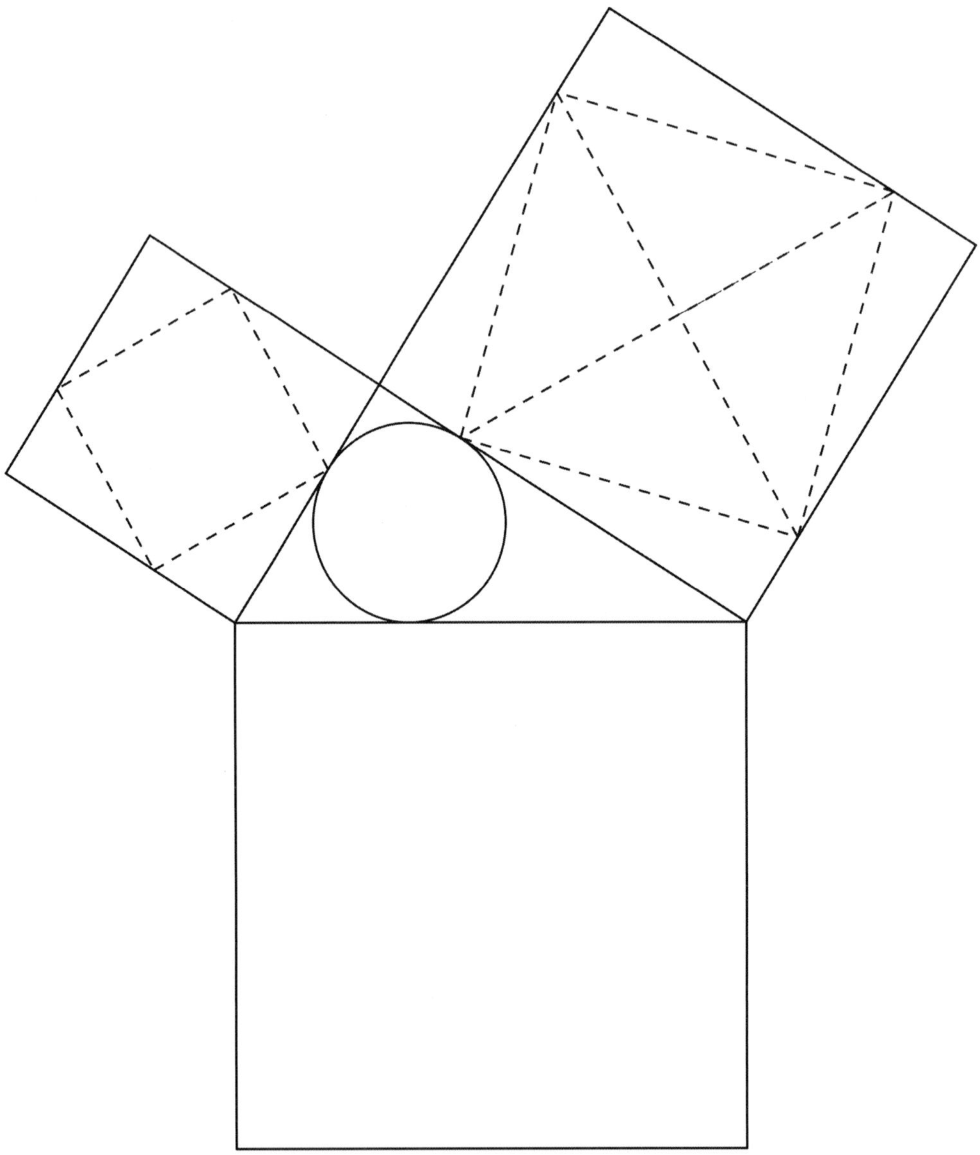

해설

1 크기가 작은 두 정사각형 안의 조각을 직각삼각형 아래의 가장 큰 정사각형에 채워넣는 문제입니다.

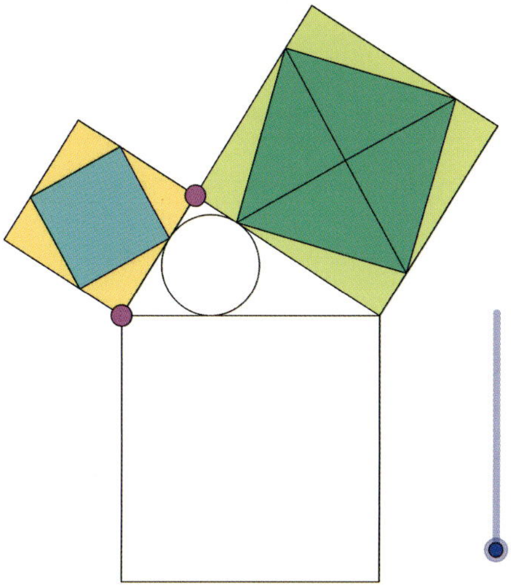

2 귤색 조각을 가장 큰 정사각형의 각 꼭짓점에 놓습니다.

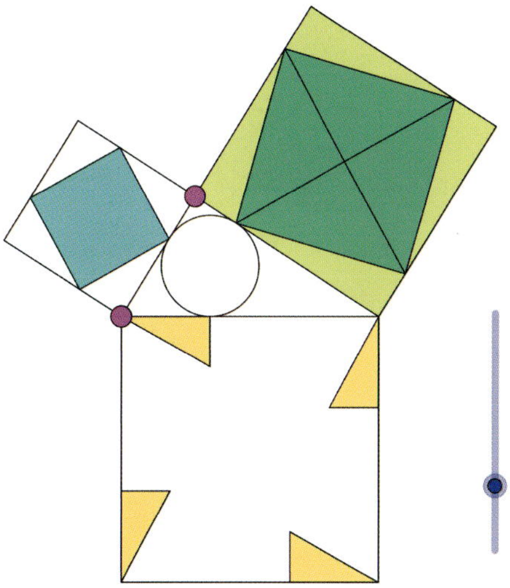

③ 노란색 조각을 귤색 조각 옆에 놓습니다.

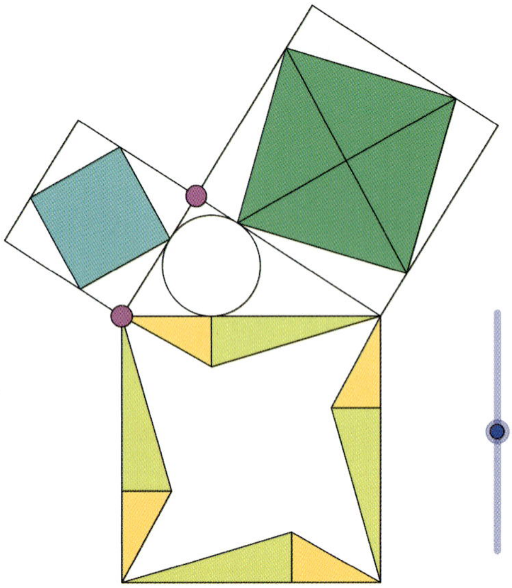

④ 연두색 조각을 안쪽에 놓습니다.

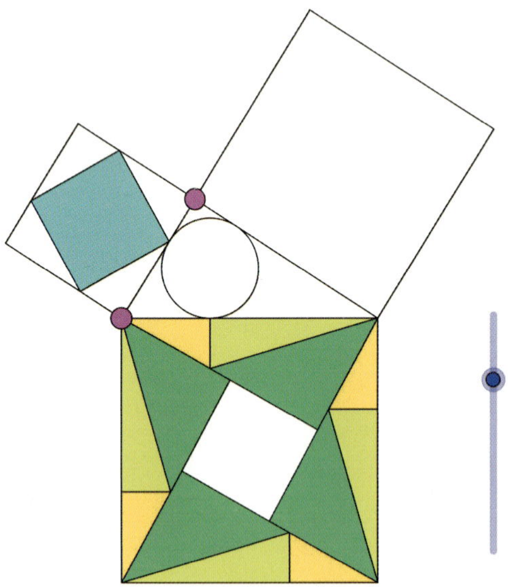

⑤ 하늘색 조각을 가장 큰 정사각형의 가운데에 놓습니다. 이를 통해 두 정사각형의 넓이의 합이 가장 큰 정사각형의 넓이와 같다는 것을 알 수 있습니다.

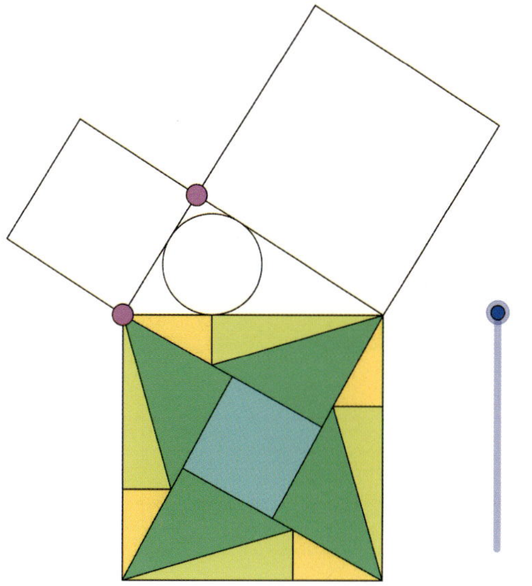

조각 맞추기 8

크기가 작은 두 정사각형 안의 조각을 직각삼각형 아래의 가장 큰 정사각형에 채워 보세요.

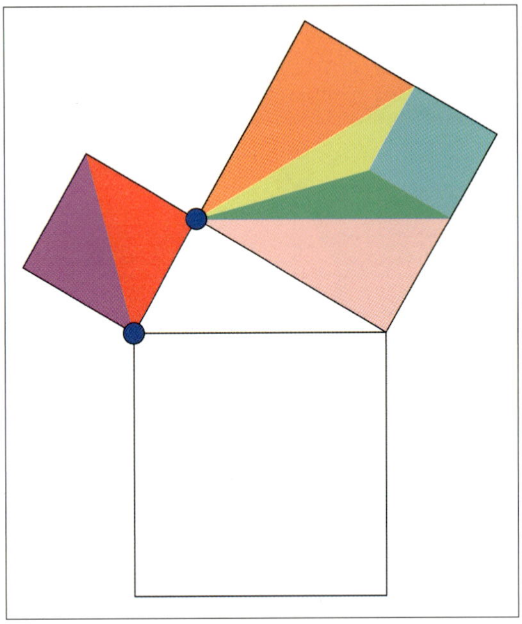

http://ggbtu.be/mxkTxhEdb

핸드폰이나 태블릿 PC에서 QR 코드를 촬영하면 그림에 제시된 도형을 움직여 볼 수 있습니다.
QR코드의 사용법은 책 앞부분에 설명되어 있습니다.

연필로 그리며 생각해 보기

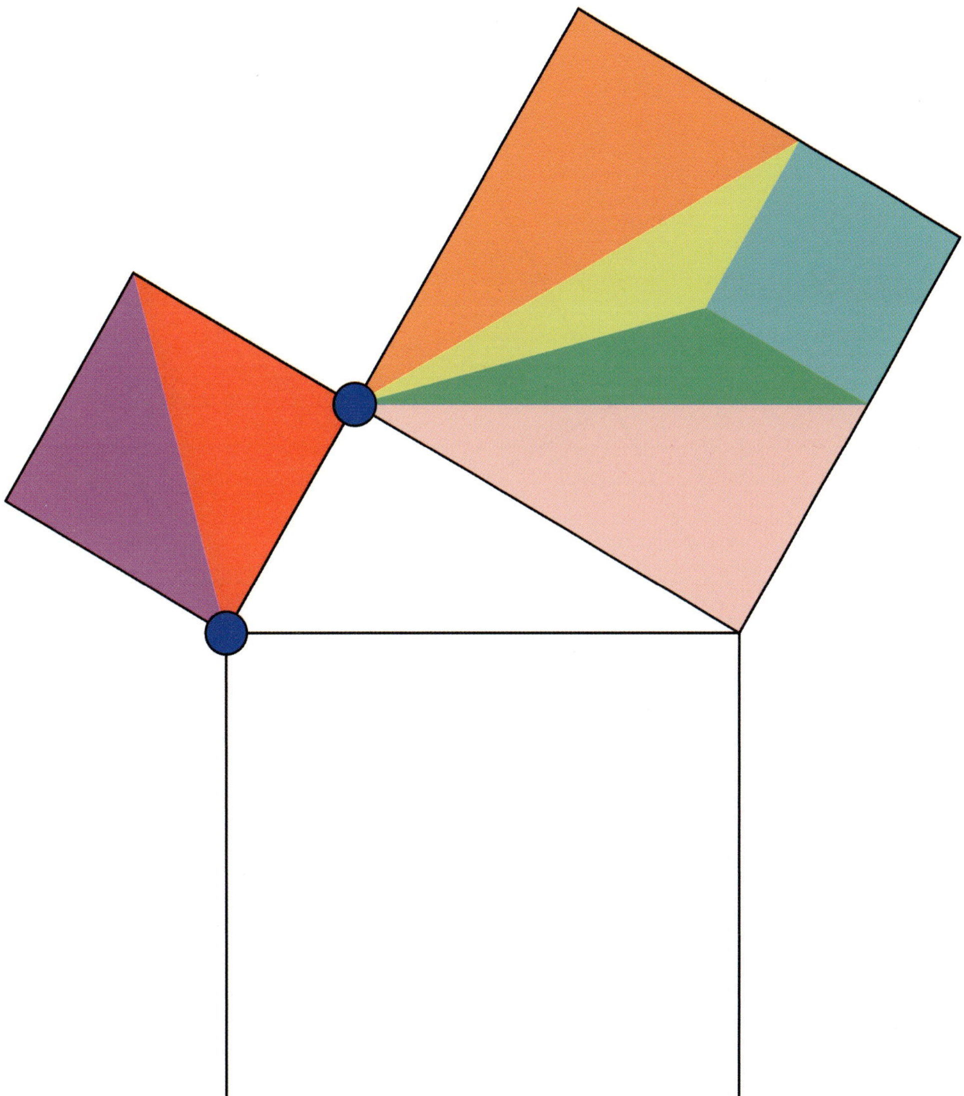

연필로 그리며 생각해 보기(인쇄용)

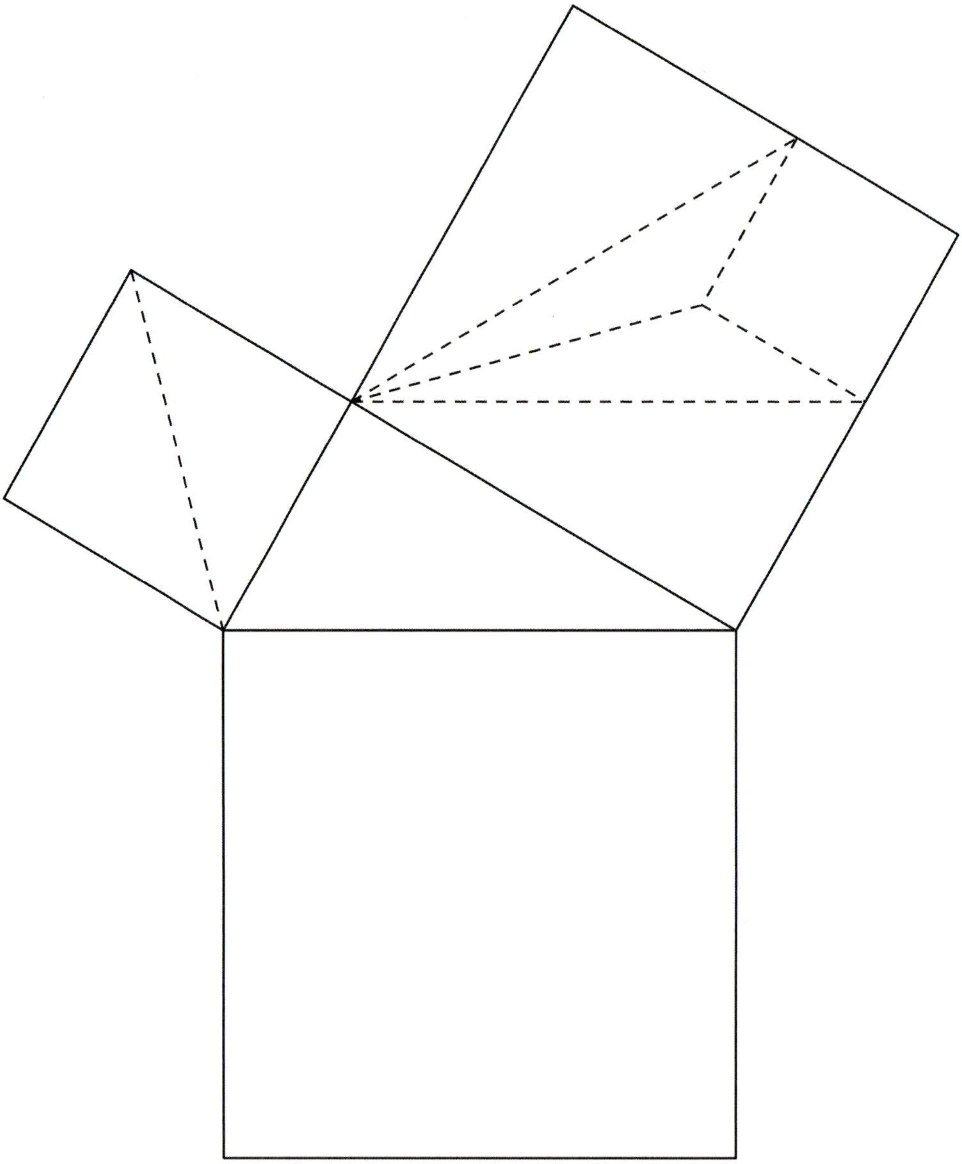

해설

1 크기가 작은 두 정사각형 안의 조각을 직각삼각형 아래의 가장 큰 정사각형에 채워넣는 문제입니다.

2 하늘색 조각을 가장 큰 정사각형의 가운데에 놓습니다.

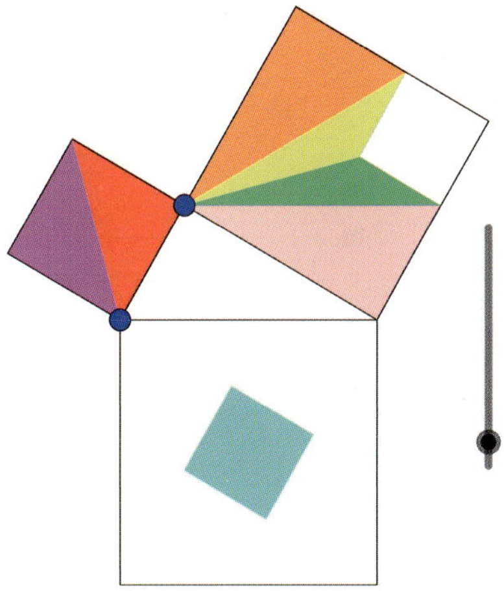

③ 빨간색 삼각형을 가장 큰 정사각형의 한 꼭짓점과 하늘색 사각형에 접하도록 놓습니다.

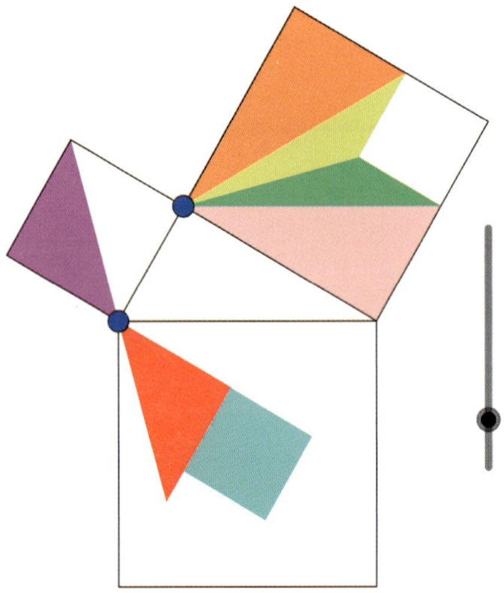

④ 자주색 삼각형을 가장 큰 정사각형의 한 꼭짓점과 하늘색 사각형에 접하도록 놓습니다.

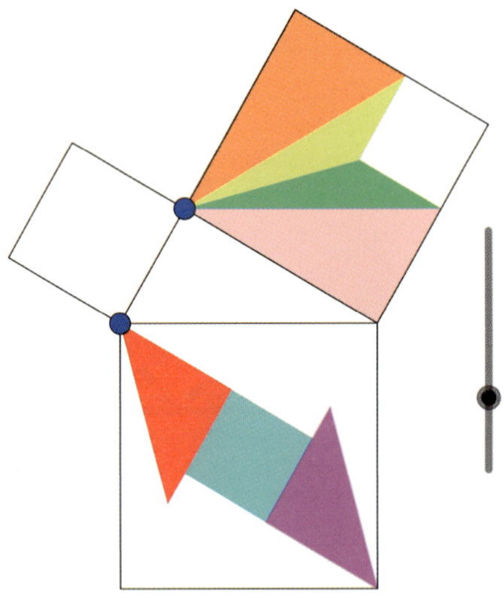

⑤ 연두색 삼각형을 가장 큰 정사각형과 빨간색 삼각형에 접하도록 놓습니다.

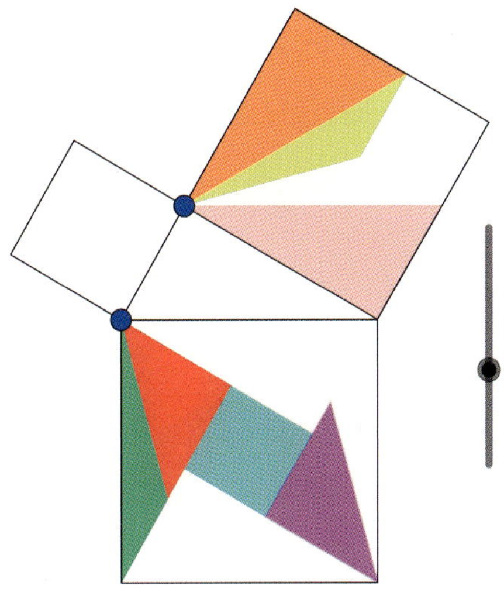

⑥ 분홍색 삼각형을 다른 조각들 아래에 있으면서 가장 큰 정사각형에 접하도록 놓습니다.

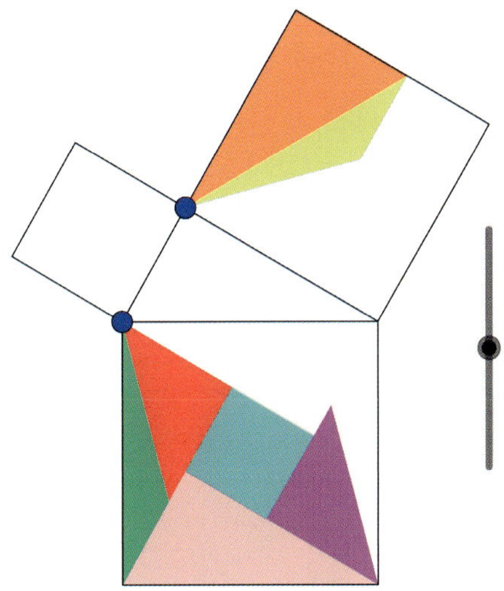

⑦ 갈색 삼각형을 다른 조각들 위에 있으면서 가장 큰 정사각형에 접하도록 놓습니다.

⑧ 노란색 삼각형을 가장 큰 정사각형의 남은 공간에 놓습니다. 이를 통해 두 정사각형의 넓이의 합이 가장 큰 정사각형의 넓이와 같다는 것을 알 수 있습니다.

조각 맞추기 9

연두색 직각삼각형의 빗변을 한 변으로 하는 정사각형의 넓이가 나머지 두 변을 한 변으로 하는 두 정사각형의 넓이의 합과 같다는 것을 알 수 있도록 색칠된 조각을 배치해 보세요.

http://ggbtu.be/mR9vpFIyt

핸드폰이나 태블릿 PC에서 QR 코드를 촬영하면 그림에 제시된 도형을 움직여 볼 수 있습니다.
QR코드의 사용법은 책 앞부분에 설명되어 있습니다.

연필로 그리며 생각해 보기

연필로 그리며 생각해 보기(인쇄용)

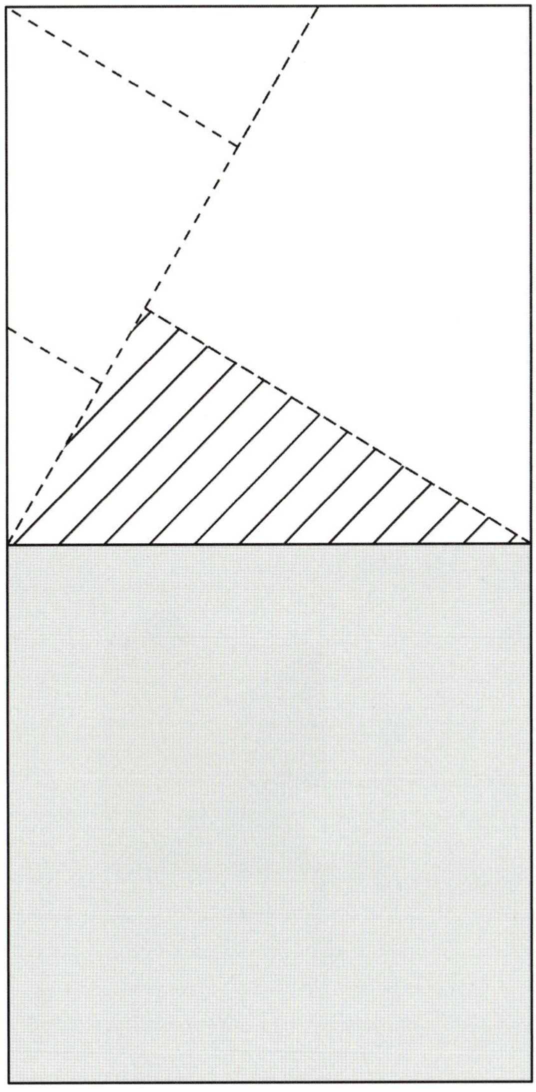

해설

1 정사각형 안의 색칠된 조각을 배치하여 직각삼각형의 빗변이 아닌 두 변을 한 변으로 하는 두 정사각형을 만드는 문제입니다.

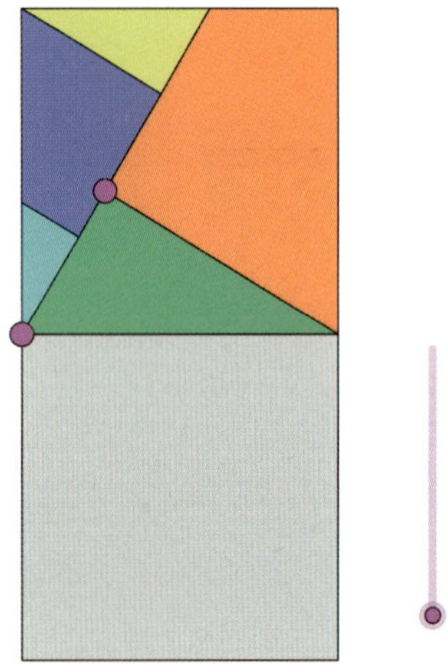

2 하늘색 조각을 갈색 사각형 위에 놓습니다.

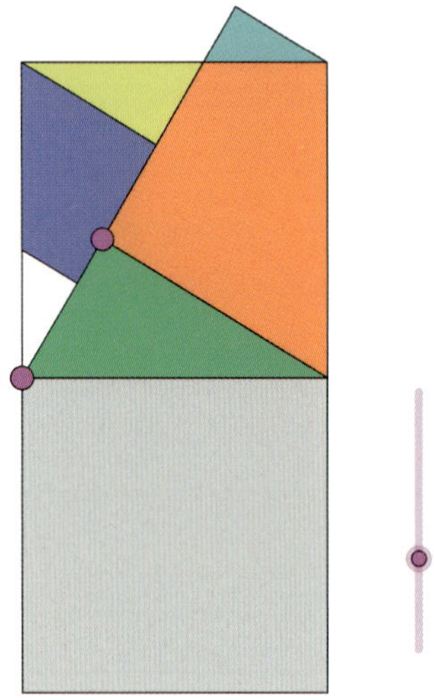

③ 연두색 조각을 갈색 조각의 변에 접하도록 놓습니다.

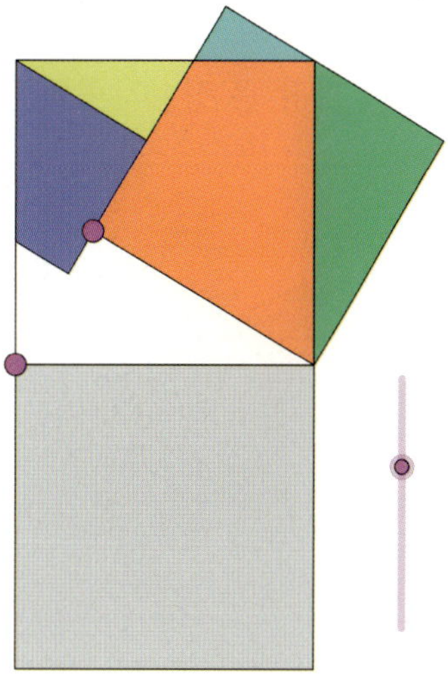

④ 보라색 조각을 직각삼각형의 나머지 변에 접하도록 놓습니다. 또한 노란색 조각, 보라색 조각이 정사각형을 이루도록 놓습니다. 이를 통해 주어진 정사각형의 넓이는 두 정사각형의 넓이의 합과 같다는 것을 알 수 있습니다.

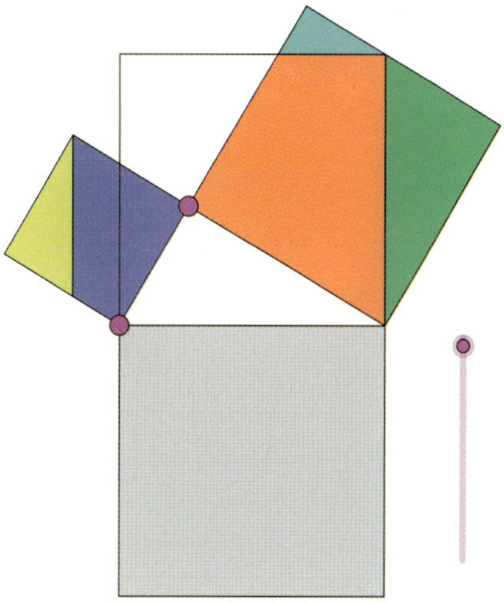

조각 맞추기 10

두 정사각형의 넓이의 합이 가장 큰 정사각형의 넓이와 같다는 것을 알 수 있도록 색칠된 조각을 배치해 보세요.

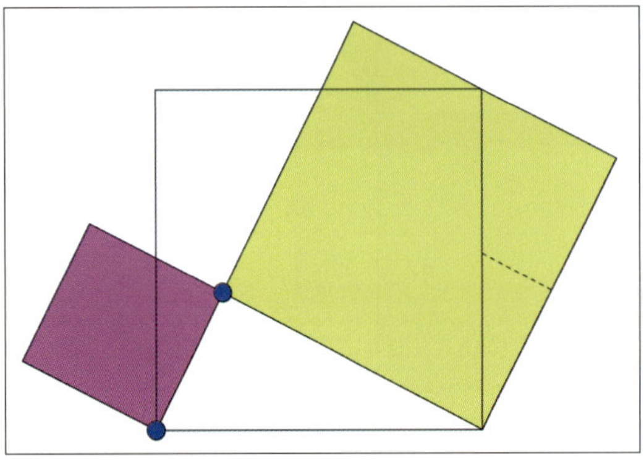

http://ggbtu.be/mUQEJfhoo

핸드폰이나 태블릿 PC에서 QR 코드를 촬영하면 그림에 제시된 도형을 움직여 볼 수 있습니다.
QR코드의 사용법은 책 앞부분에 설명되어 있습니다.

연필로 그리며 생각해 보기

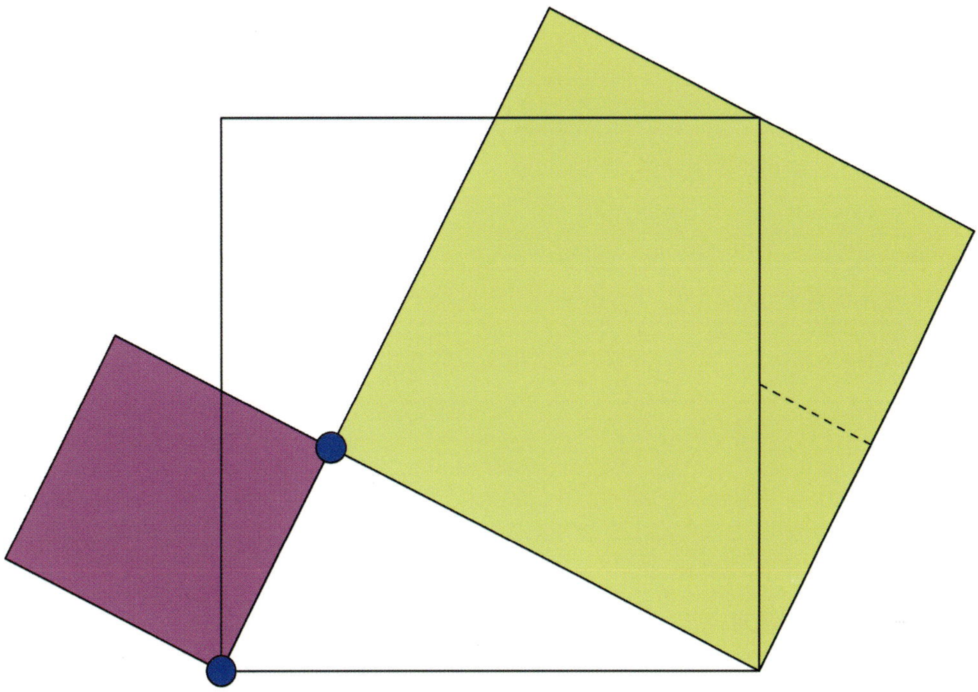

연필로 그리며 생각해 보기(인쇄용)

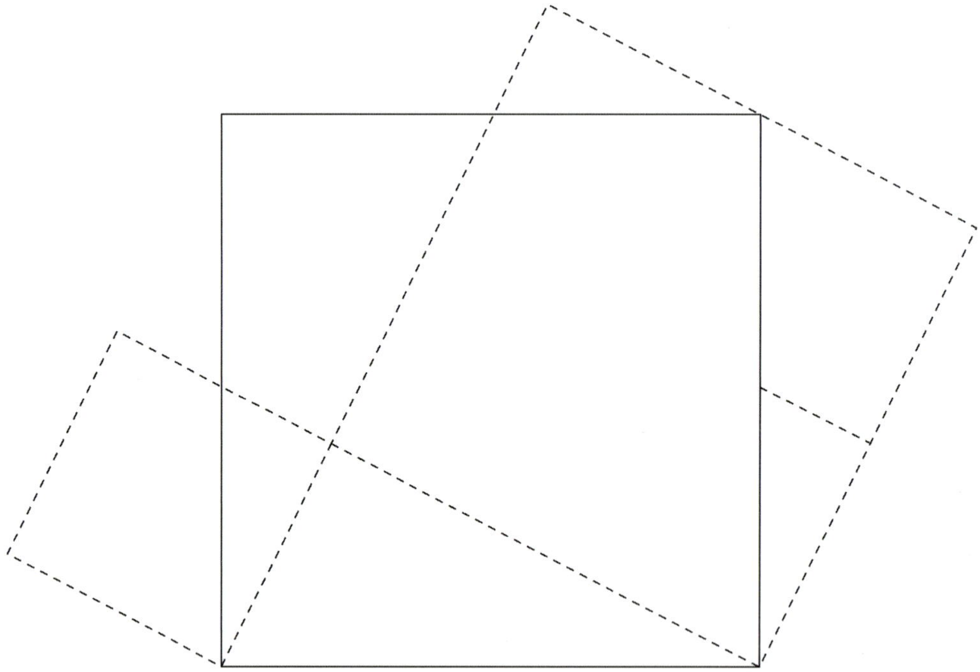

해설

[1] 크기가 작은 두 정사각형 안의 조각을 가장 큰 정사각형 안애 배치하는 배치하는 문제 입니다.

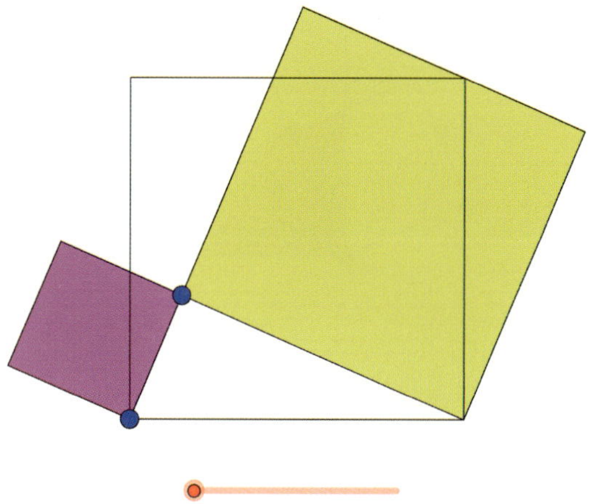

[2] 자주색 정사각형 안의 큰 조각을 색칠되지 않은 직각삼각형 안에 놓습니다.

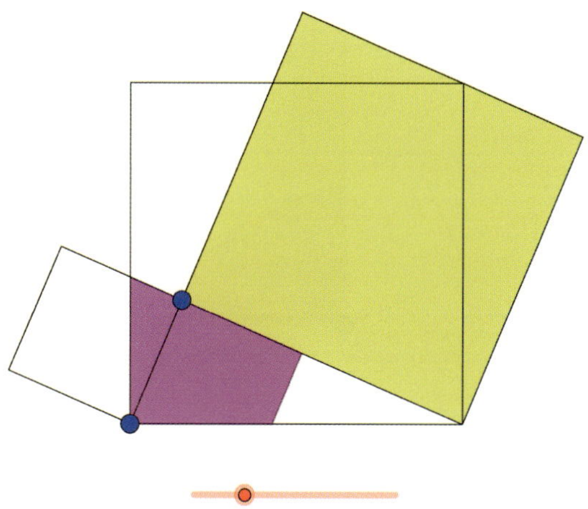

③ 노란색 정사각형 안의 작은 조각을 색칠되지 않은 직각삼각형의 나머지 부분에 놓습니다.

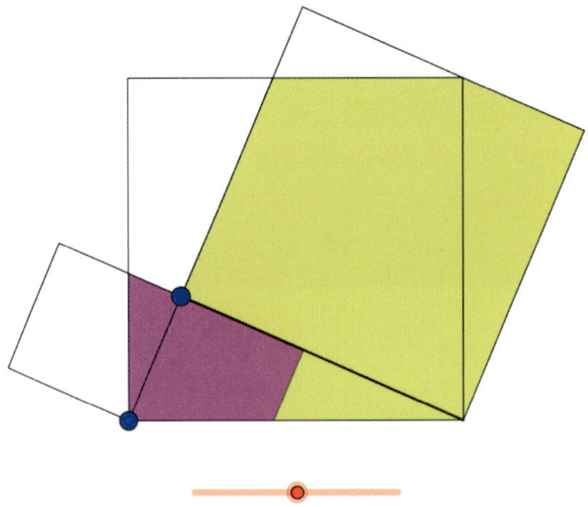

④ 노란색 정사각형 안의 큰 직각삼각형을 두 부분으로 잘라 가장 큰 정사각형 안의 빈 공간에 놓습니다.

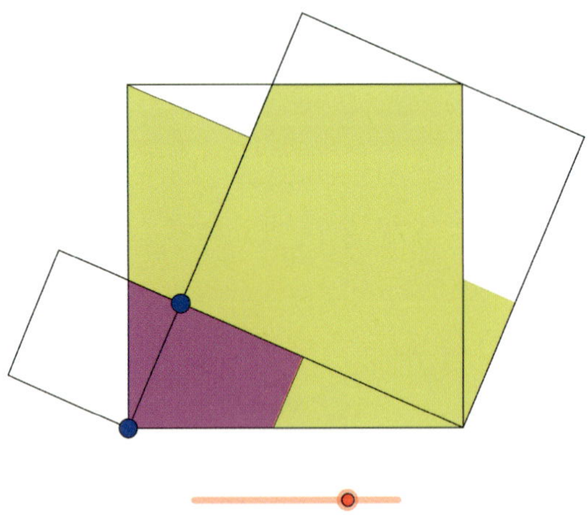

⑤ 노란색 남은 조각을 가장 큰 정사각형의 빈 공간에 놓습니다. 이를 통해 두 정사각형의 넓이의 합이 가장 큰 정사각형의 넓이와 같다는 것을 알 수 있습니다.

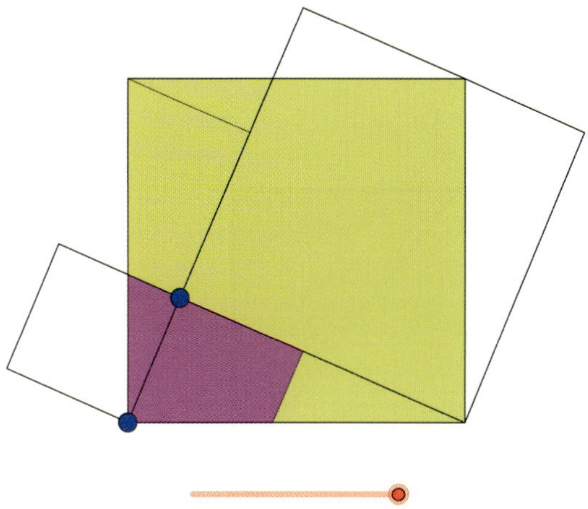

조각 맞추기 11

자주색 직각삼각형의 빗변을 한 변으로 하는 정사각형의 넓이가 나머지 두 변을 한 변으로 하는 두 정사각형의 넓이의 합과 같다는 것을 알 수 있도록 자주색 삼각형을 배치해 보세요.

http://ggbtu.be/mAife5XYY

핸드폰이나 태블릿 PC에서 QR 코드를 촬영하면 그림에 제시된 도형을 움직여 볼 수 있습니다.
QR코드의 사용법은 책 앞부분에 설명되어 있습니다.

연필로 그리며 생각해 보기

연필로 그리며 생각해 보기(인쇄용)

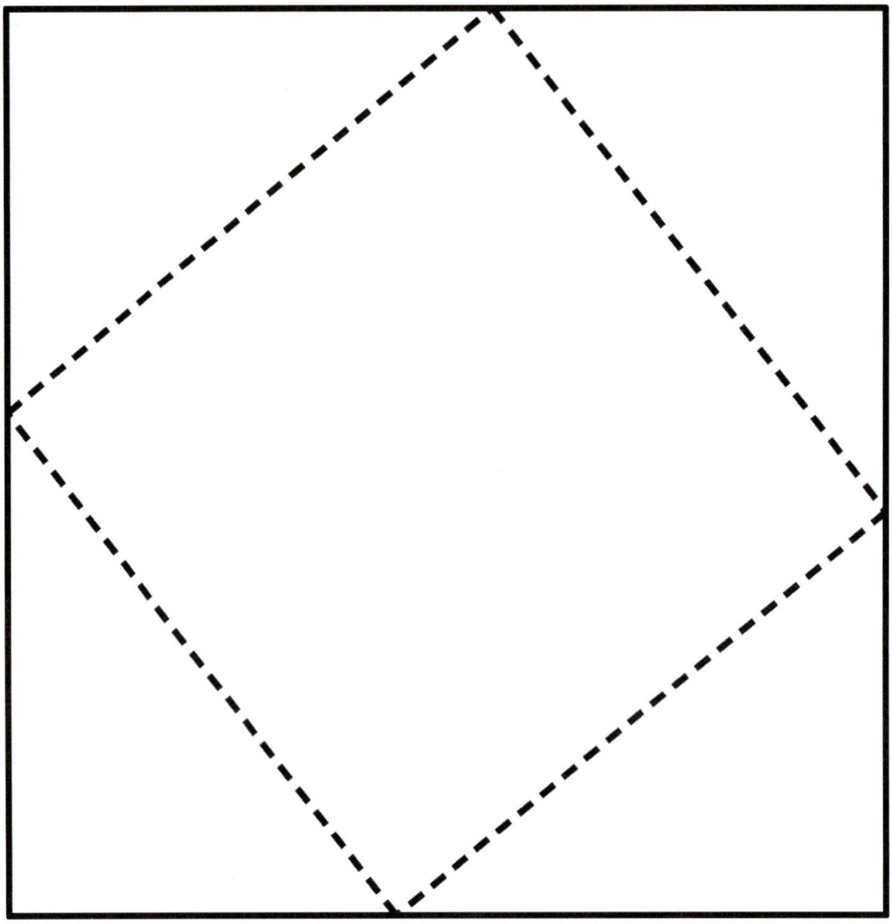

해설

1 4개의 자주색 직각삼각형의 위치를 바꾸어 자주색 직각삼각형의 나머지 두 변을 한 변으로 하는 두 정사각형을 만드는 문제입니다.

2 직각삼각형의 위치를 그림과 같이 바꾸면 자주색 직각삼각형의 나머지 두 변을 한 변으로 하는 두 정사각형이 나타납니다. 이를 통해 직각삼각형의 빗변을 한 변으로 하는 정사각형의 넓이는 나머지 두 변을 한 변으로 하는 두 정사각형의 넓이의 합과 같다는 것을 알 수 있습니다.

조각 맞추기 12

주어진 두 정사각형의 위치는 바꾸지 않고 두 번의 가위질 후 하나의 정사각형이 되도록 조각을 배치해 보세요.

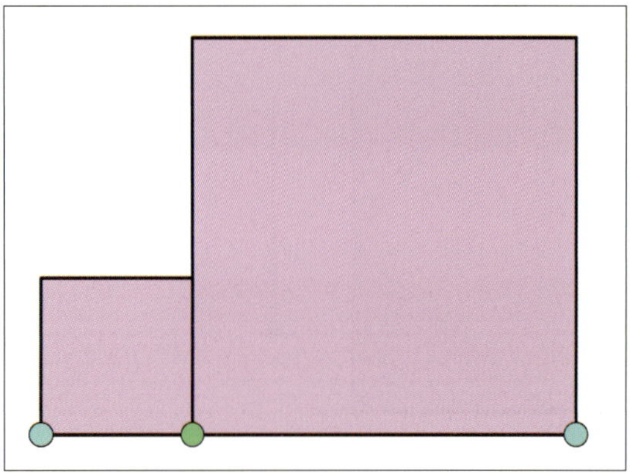

http://ggbtu.be/mMUyuiUB0

핸드폰이나 태블릿 PC에서 QR 코드를 촬영하면 그림에 제시된 도형을 움직여 볼 수 있습니다.
QR코드의 사용법은 책 앞부분에 설명되어 있습니다.

연필로 그리며 생각해 보기

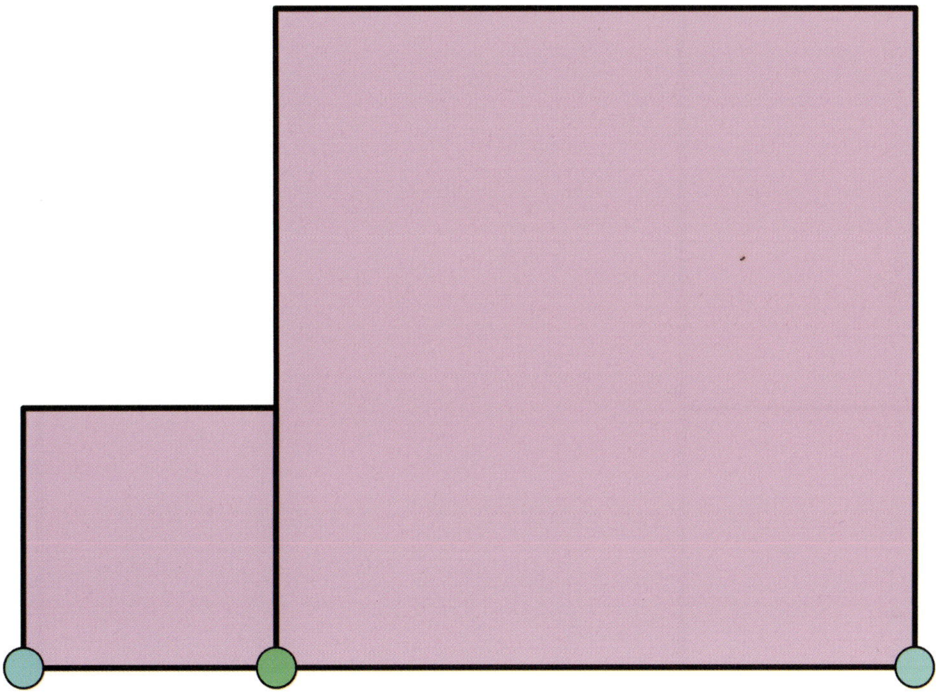

연필로 그리며 생각해 보기(인쇄용)

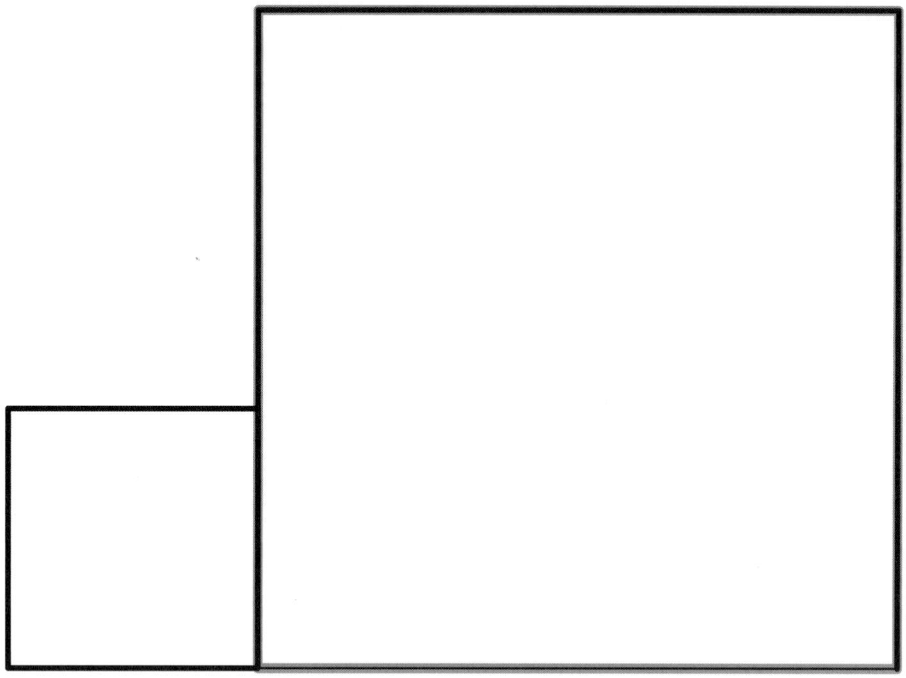

해설

① 두 정사각형의 위치를 바꾸지 않고 두 번을 자른 후 조각을 배치하여 하나의 정사각형으로 만드는 문제입니다.

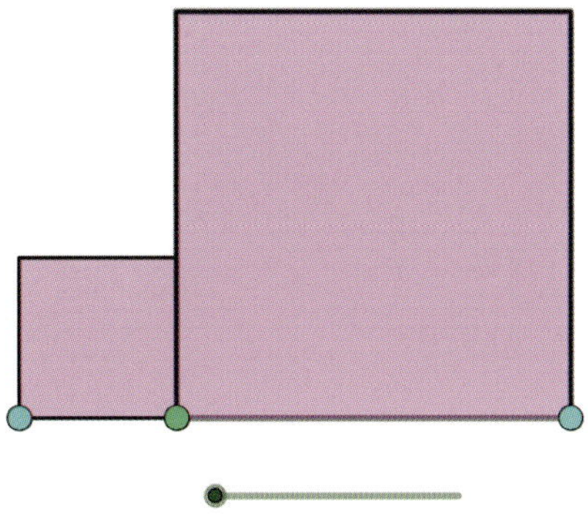

② 그림과 같이 두 번을 잘라 조각을 배치하면 하나의 정사각형이 나타납니다. 이를 통해 두 정사각형의 넓이의 합이 자를 때 나타나는 직각삼각형의 빗변을 한 변으로 하는 정사각형의 넓이와 같다는 것을 알 수 있습니다.

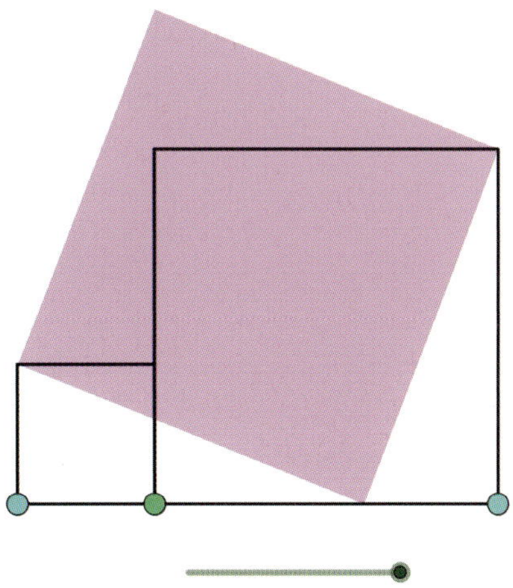

조각 맞추기 13

오른쪽 정사각형에 분할된 조각을 이용하여 빈 공간에 두 정사각형의 합과 동일한 넓이의 정사각형이 나타나도록 배치해 보세요.

http://ggbtu.be/mNqLAsVcR

핸드폰이나 태블릿 PC에서 QR 코드를 촬영하면 그림에 제시된 도형을 움직여 볼 수 있습니다.
QR코드의 사용법은 책 앞부분에 설명되어 있습니다.

연필로 그리며 생각해 보기

연필로 그리며 생각해 보기(인쇄용)

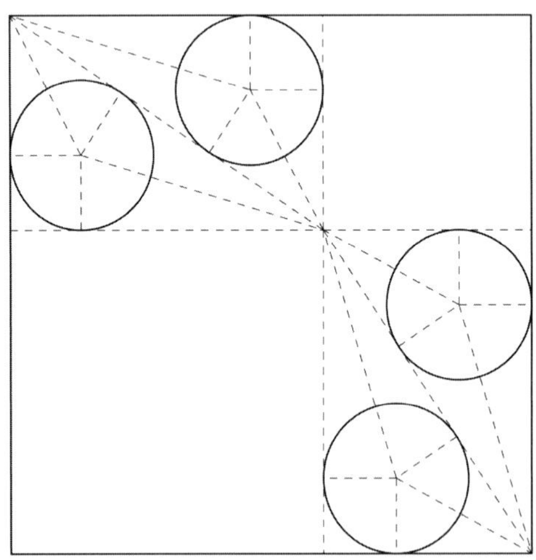

해설

1 왼쪽의 색칠된 조각을 오른쪽 정사각형 안에 배치하여 두 정사각형의 넓이의 합과 동일한 넓이를 갖는 정사각형을 만드는 문제입니다.

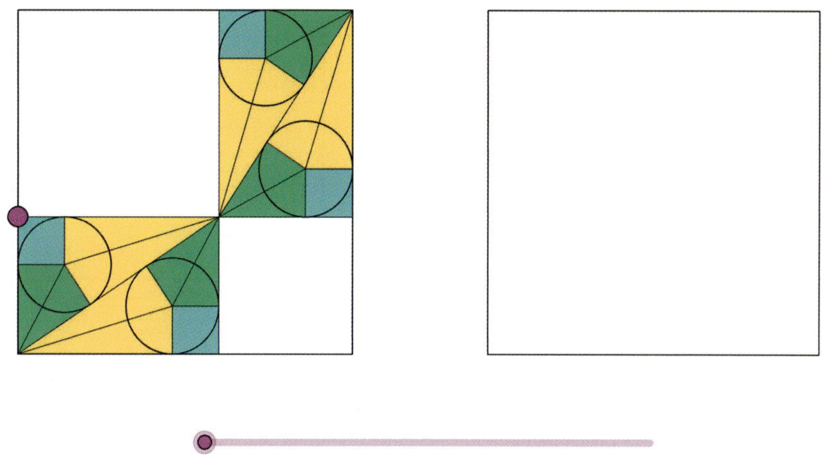

2 하늘색 조각을 오른쪽 정사각형의 한 모서리에 놓습니다.

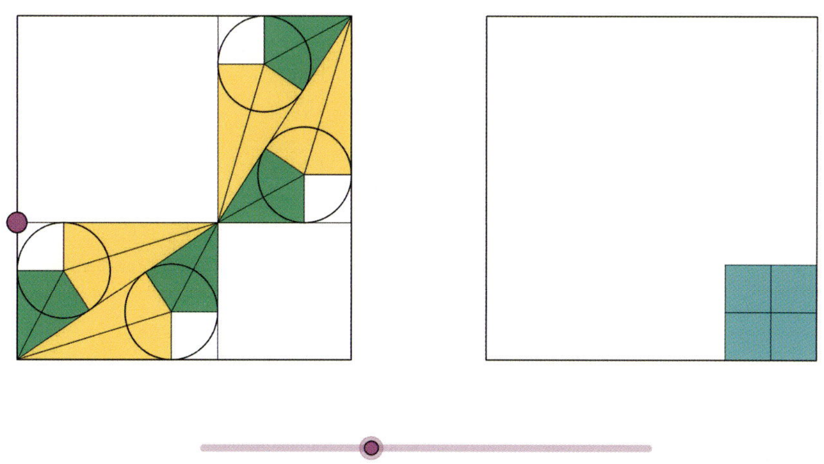

3 노란색 조각을 하늘색 사각형과 접하도록 놓습니다.

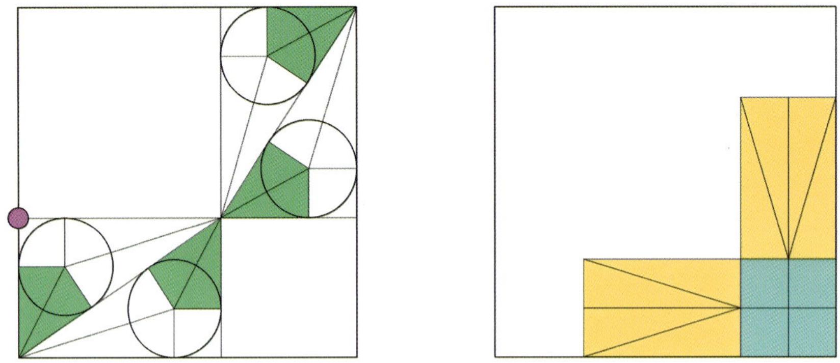

4 연두색 조각을 노란색 조각에 접하도록 놓으면 정사각형이 나타납니다. 이를 통해 두 정사각형의 넓이의 합이 마지막으로 나타난 정사각형의 넓이와 같다는 것을 알 수 있습니다.

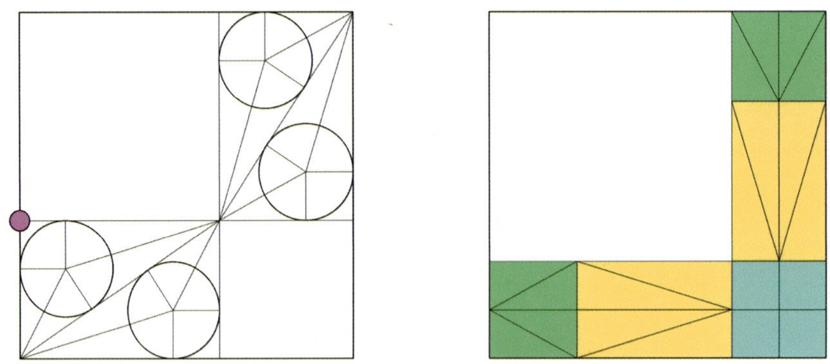

Ⅱ

같은 넓이를 갖는 도형 이용하기

GeoGebra

2. 같은 넓이를 갖는 도형 이용하기

같은 넓이를 갖는 도형 이용하기 1

주어진 점선을 이용하여 크기가 작은 두 정사각형의 넓이의 합이 직각삼각형 아래의 가장 큰 정사각형의 넓이와 같다는 것을 어떻게 알 수 있을까요?

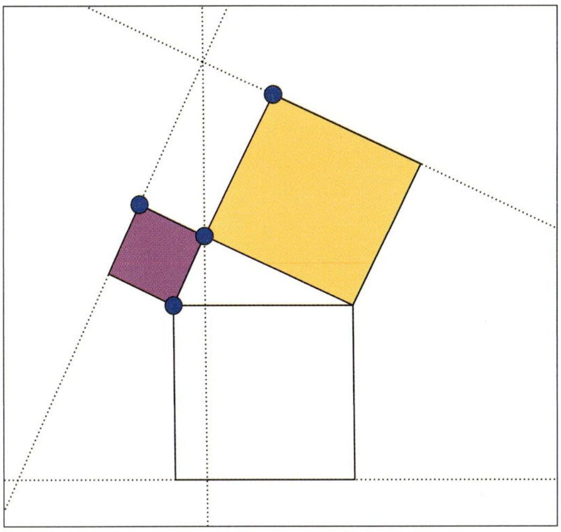

http://ggbtu.be/mI2YW8VaV

핸드폰이나 태블릿 PC에서 QR 코드를 촬영하면 그림에 제시된 도형을 움직여 볼 수 있습니다.
QR코드의 사용법은 책 앞부분에 설명되어 있습니다.

연필로 그리며 생각해 보기

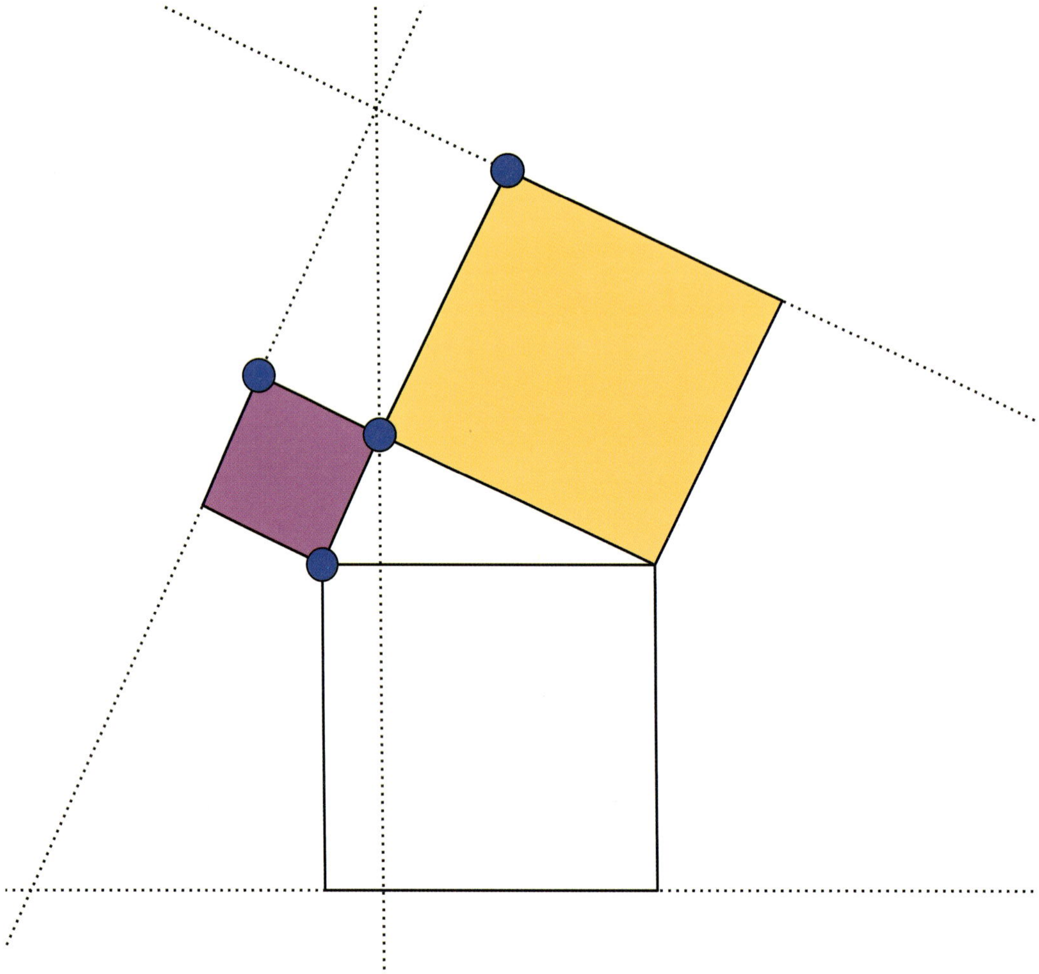

연필로 그리며 생각해 보기(인쇄용)

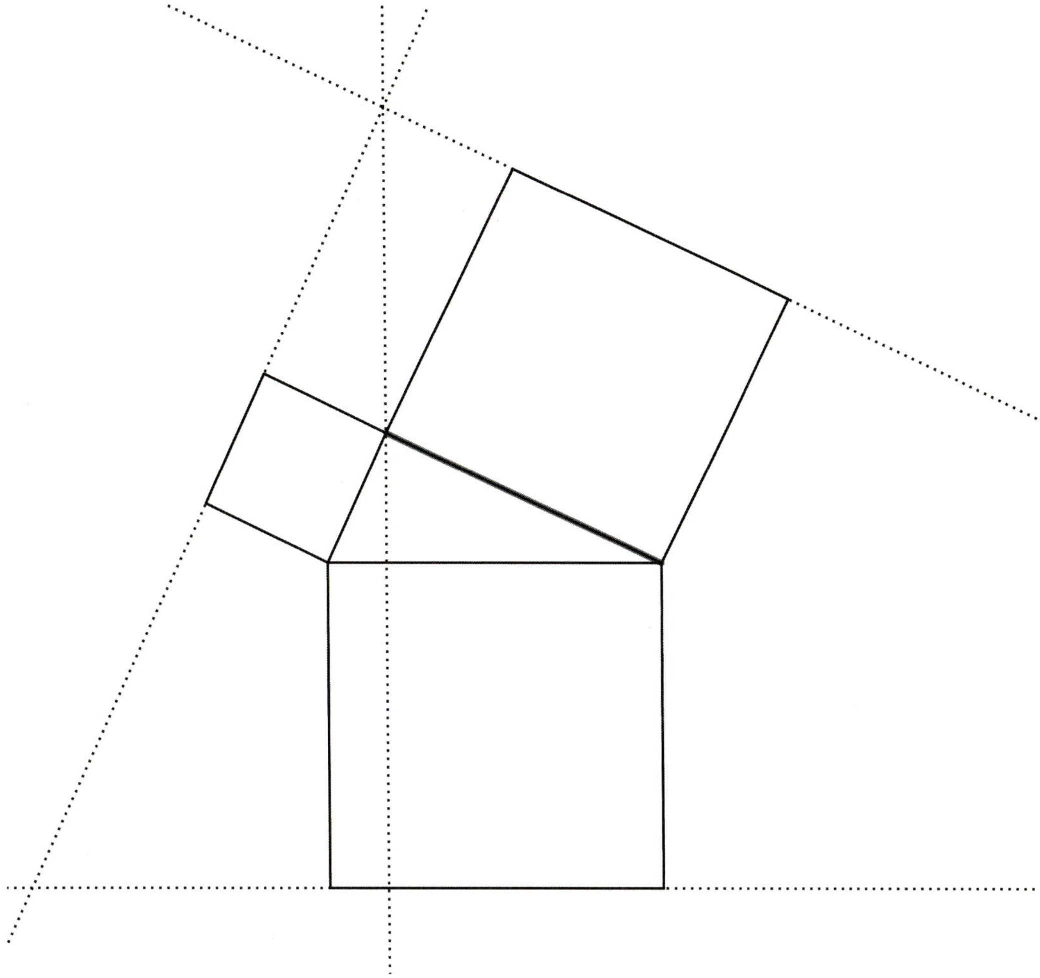

해설

1 색칠된 두 정사각형의 넓이의 합이 직각삼각형 아래의 가장 큰 정사각형의 넓이와 같다는 것을 보이는 문제입니다.

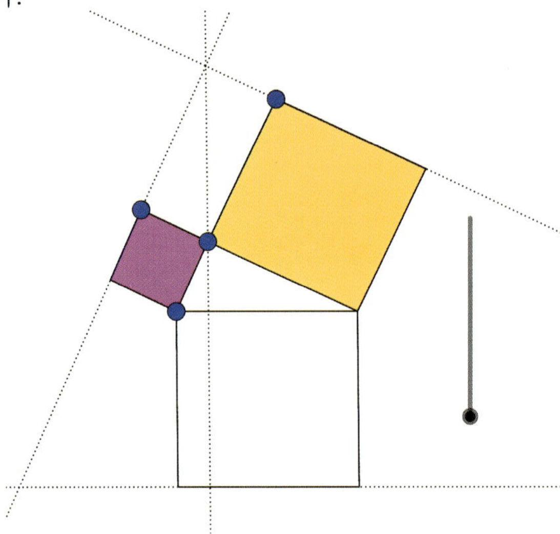

2 슬라이더의 점을 드래그하면 정사각형이 평행사변형으로 변형됩니다. 이 때 평행사변형은 정사각형과 밑변의 길이, 높이가 동일하므로 넓이가 같습니다.

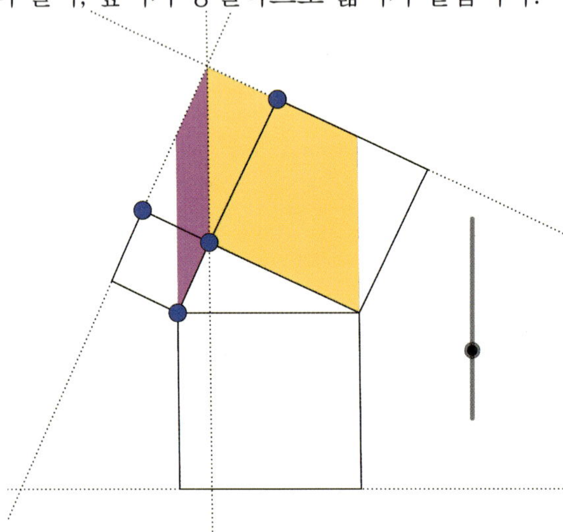

③ 그 다음 평행사변형이 직사각형으로 변형됩니다. 이 때 직사각형은 평행사변형과 밑변의 길이, 높이가 동일하므로 넓이가 같습니다.

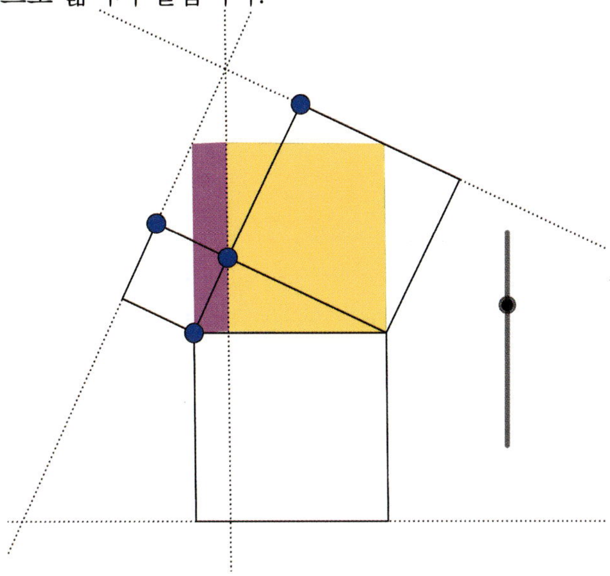

④ 마지막으로 두 직사각형이 아래로 이동합니다. 이를 통해 두 정사각형의 넓이의 합이 가장 큰 정사각형의 넓이와 같다는 것을 알 수 있습니다.

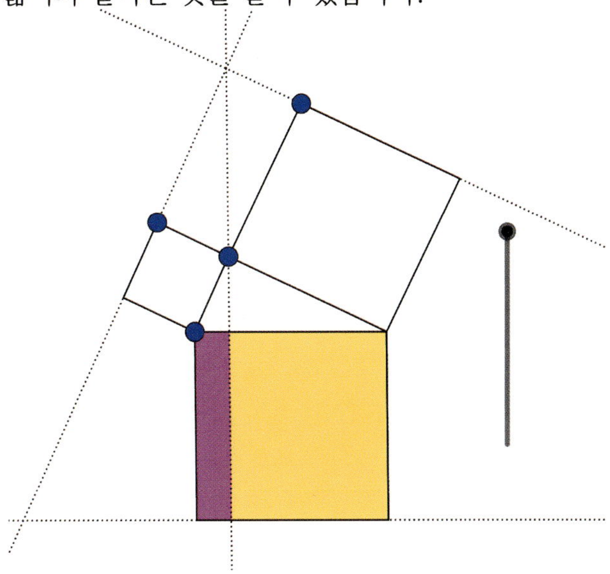

같은 넓이를 갖는 도형 이용하기2

주어진 점선을 이용하여 크기가 작은 두 정사각형의 넓이의 합이 직각삼각형 아래의 가장 큰 정사각형의 넓이와 같다는 것을 어떻게 알 수 있을까요?

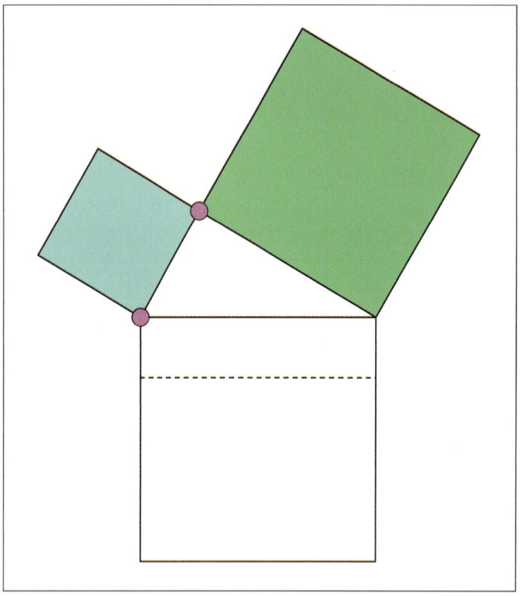

http://ggbtu.be/mekMokn9I

핸드폰이나 태블릿 PC에서 QR 코드를 촬영하면 그림에 제시된 도형을 움직여 볼 수 있습니다.
QR코드의 사용법은 책 앞부분에 설명되어 있습니다.

연필로 그리며 생각해 보기

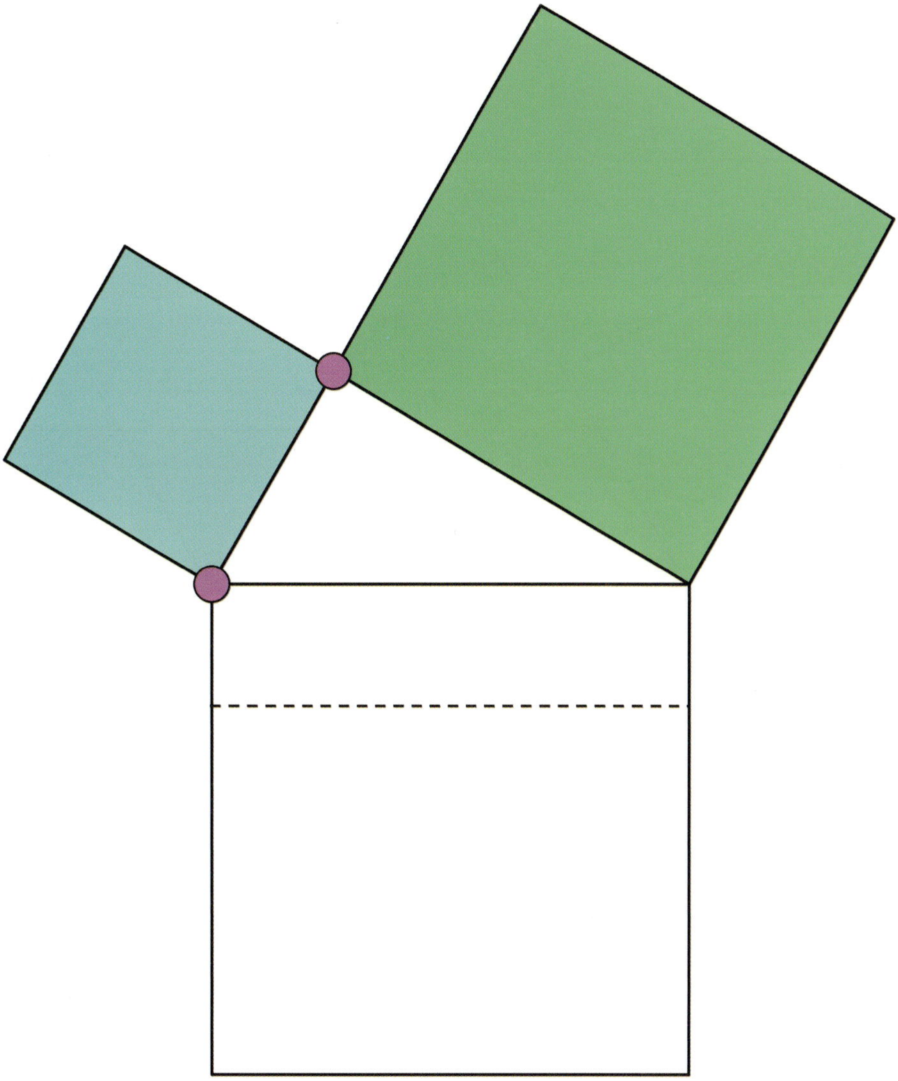

연필로 그리며 생각해 보기(인쇄용)

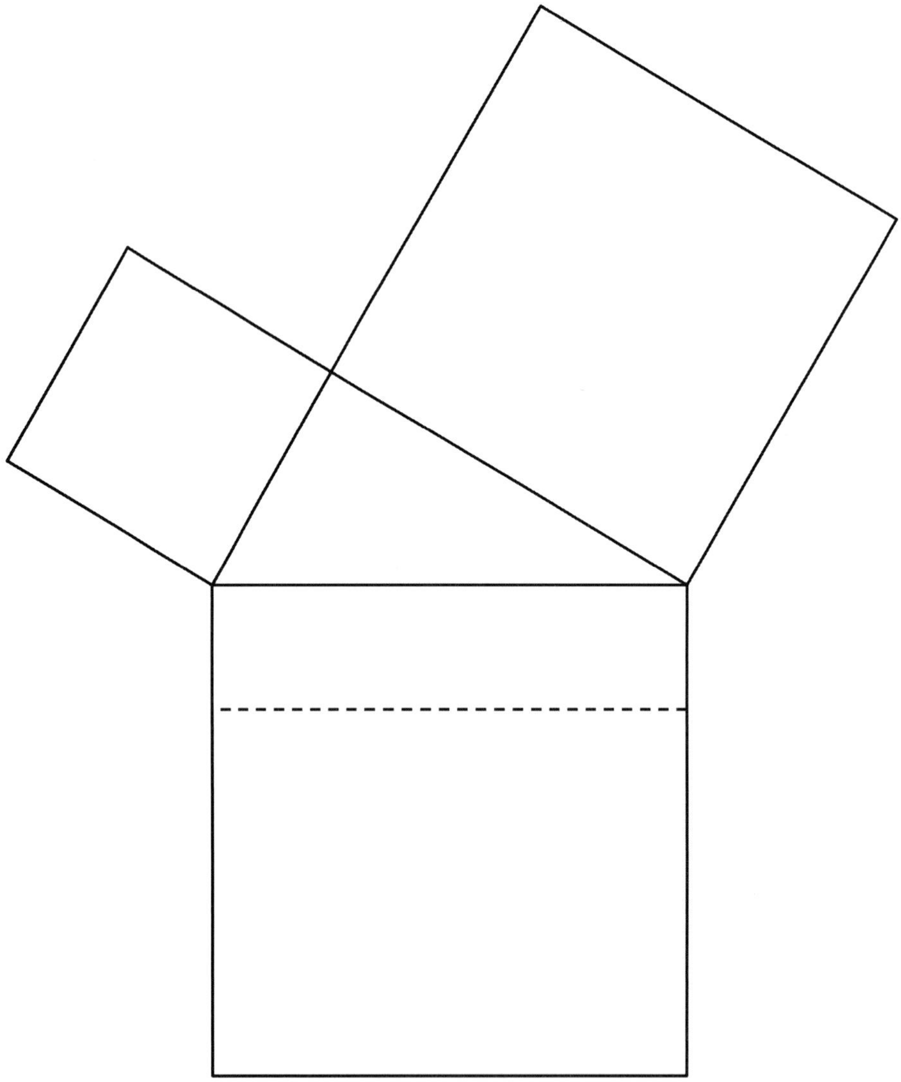

해설

[1] 색칠된 두 정사각형의 넓이의 합이 직각삼각형 아래의 가장 큰 정사각형의 넓이와 같다는 것을 보이는 문제입니다.

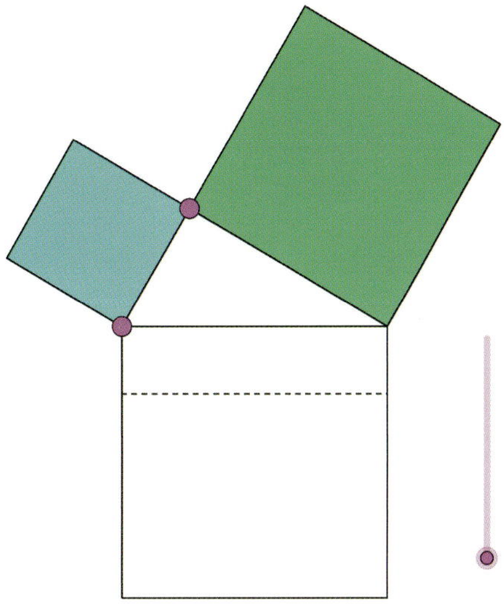

[2] 슬라이더의 점을 드래그하면 연두색 정사각형이 평행사변형으로 변형됩니다. 이 때 평행사변형은 정사각형과 밑변의 길이, 높이가 동일하므로 넓이가 같습니다.

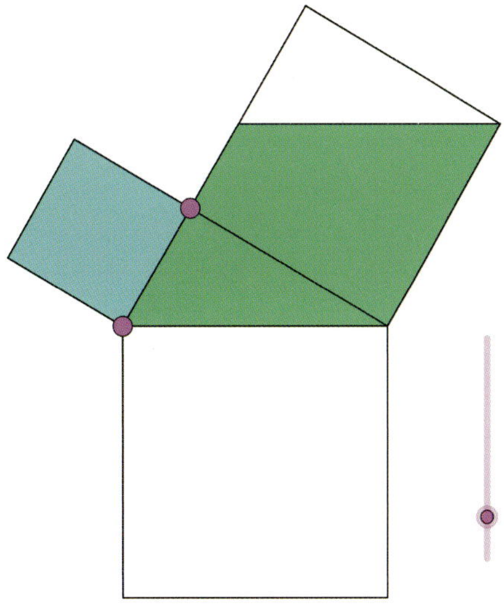

③ 그 다음 평행사변형이 직사각형으로 변형됩니다. 이 때 평행사변형은 직사각형과 밑변의 길이, 높이가 동일하므로 넓이가 같습니다.

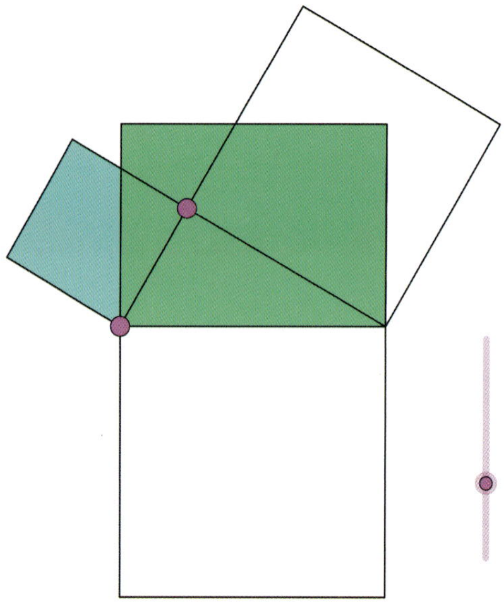

④ 직사각형이 큰 정사각형의 아랫부분에 놓입니다.

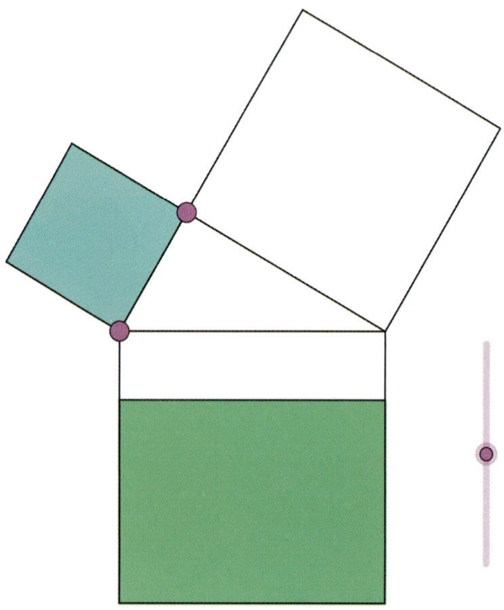

⑤ 하늘색 정사각형이 평행사변형으로 변형됩니다. 이 때 평행사변형은 정사각형과 밑변의 길이, 높이가 동일하므로 넓이가 같습니다.

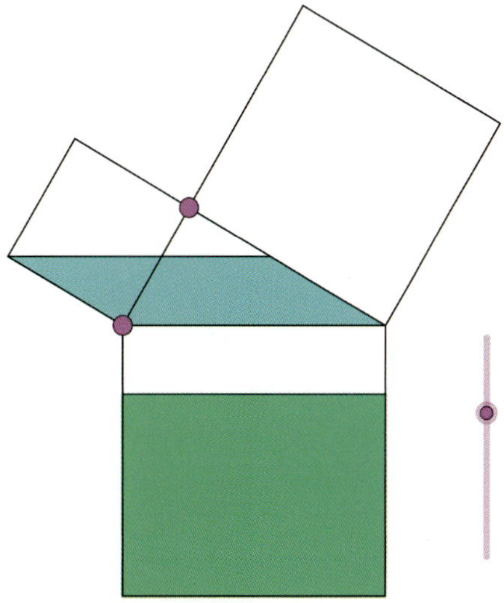

⑥ 그 다음 평행사변형이 직사각형으로 변형됩니다. 이 때 평행사변형은 직사각형과 밑변의 길이, 높이가 동일하므로 넓이가 같습니다.

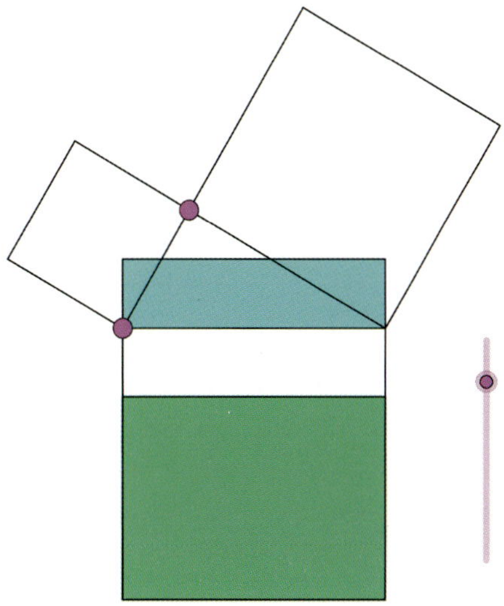

⑦ 마지막으로 직사각형이 큰 정사각형의 아랫부분에 놓입니다. 이를 통해 두 정사각형의 넓이의 합이 가장 큰 정사각형의 넓이와 같다는 것을 알 수 있습니다.

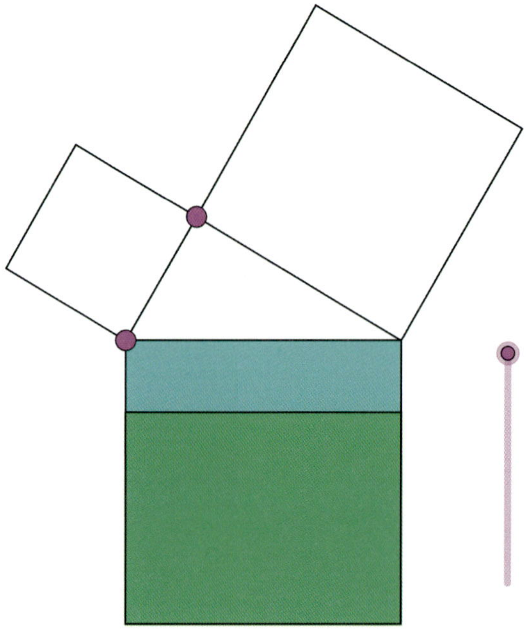

같은 넓이를 갖는 도형 이용하기3

주어진 점선을 이용하여 크기가 작은 두 정사각형 안 삼각형의 넓이의 합이 직각삼각형 아래의 가장 큰 정사각형의 넓이의 반과 같다는 것을 어떻게 알 수 있을까요?

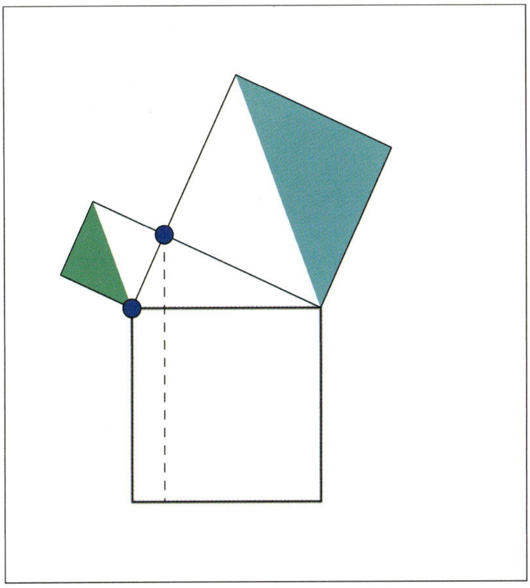

http://ggbtu.be/mMjZsPEZB

핸드폰이나 태블릿 PC에서 QR 코드를 촬영하면 그림에 제시된 도형을 움직여 볼 수 있습니다.

QR코드의 사용법은 책 앞부분에 설명되어 있습니다.

연필로 그리며 생각해 보기

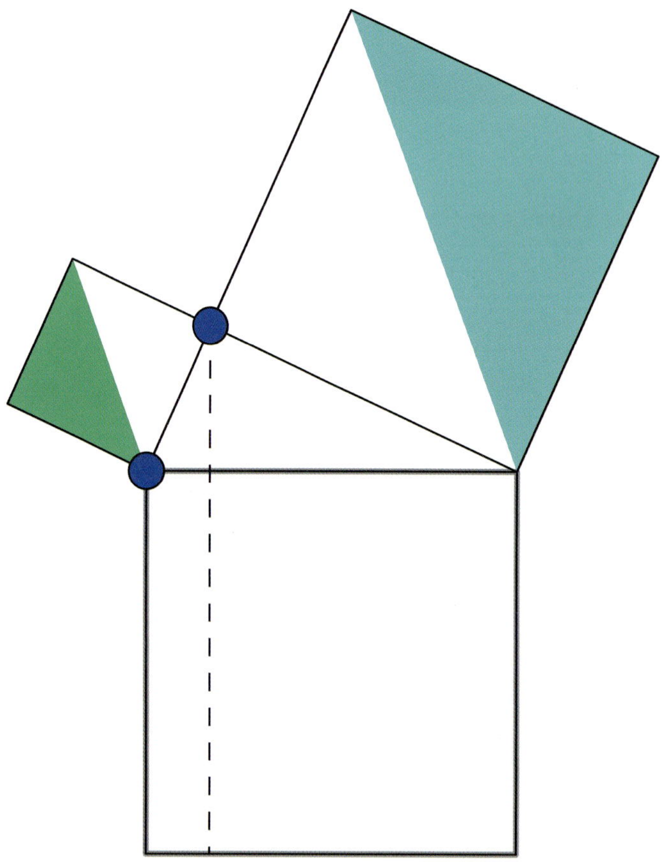

연필로 그리며 생각해 보기(인쇄용)

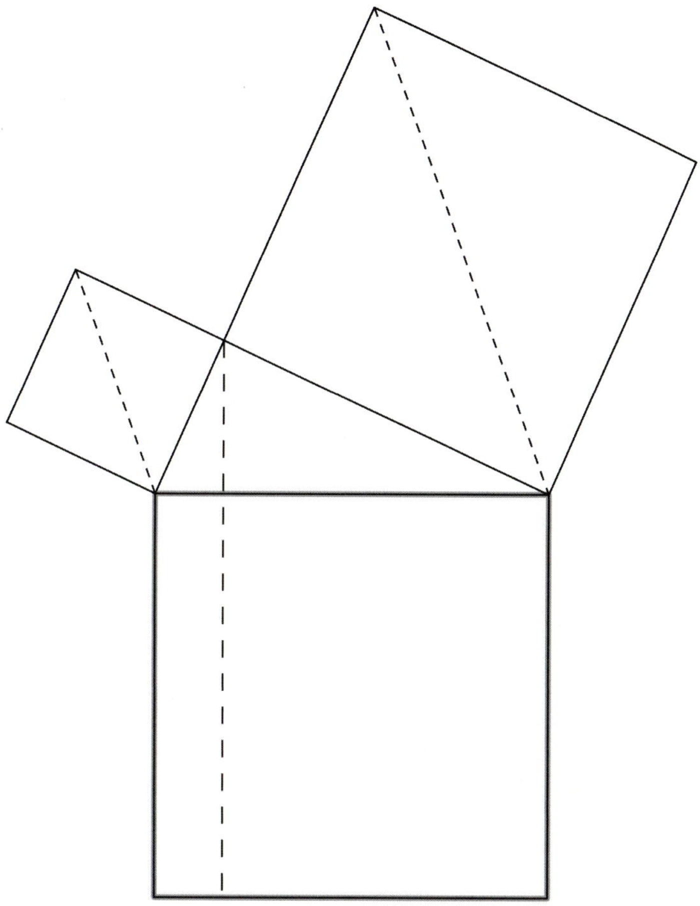

해설

1 색칠된 두 정사각형 안 삼각형의 넓이의 합이 직각삼각형 아래의 가장 큰 정사각형의 넓이의 반과 같다는 것을 보이는 문제입니다.

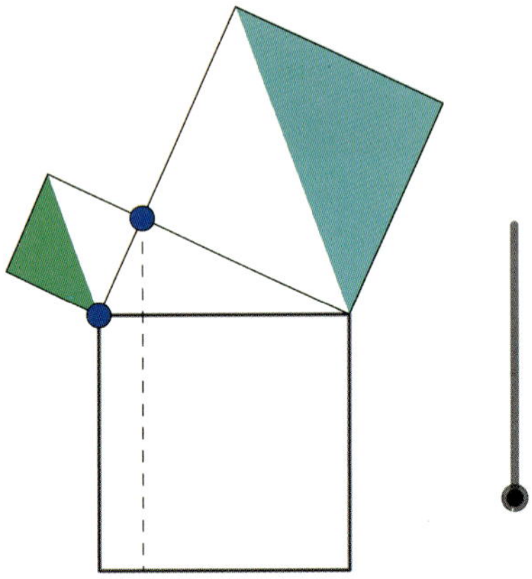

2 슬라이더의 점을 드래그하면 직각삼각형의 모양이 변형됩니다. 이 때 변형된 삼각형은 직각삼각형과 밑변의 길이, 높이가 동일하므로 넓이가 같습니다.

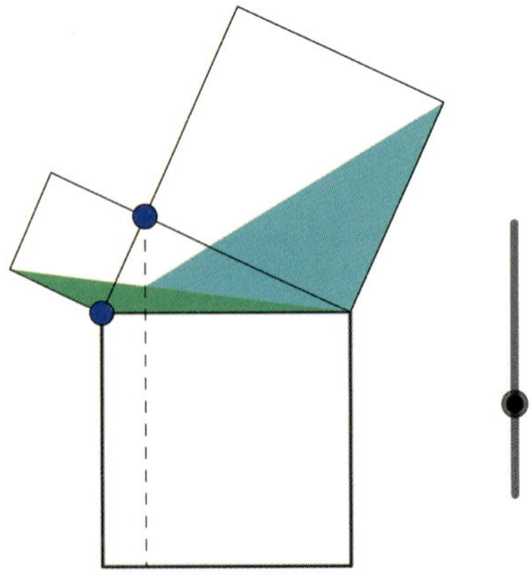

③ 그 다음 삼각형이 90° 만큼 회전합니다.

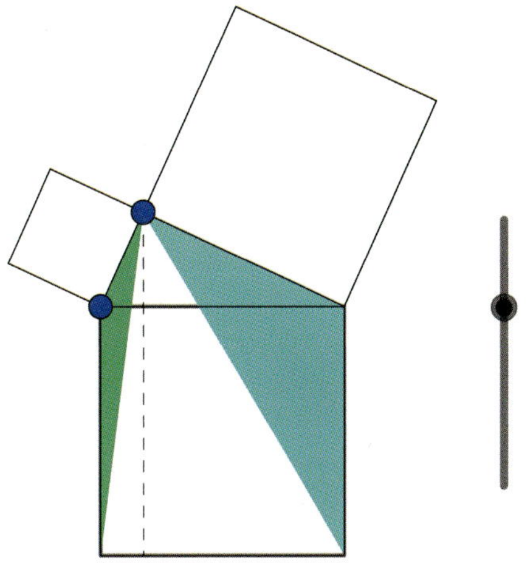

④ 마지막으로 삼각형이 직각삼각형으로 변형됩니다. 이 때 직각삼각형은 이전 삼각형과 밑변의 길이, 높이가 동일하므로 넓이가 같습니다. 이를 통해 두 직각삼각형의 넓이의 합이 가장 큰 정사각형의 넓이의 반과 같다는 것을 알 수 있습니다.

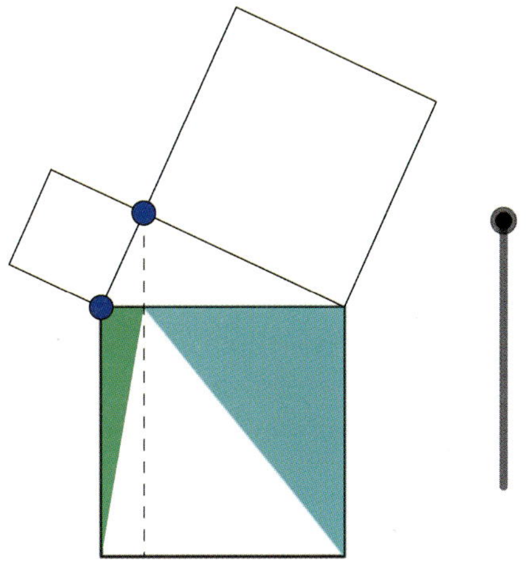

Ⅲ

보조선 활용하기

GeoGebra

3. 보조선 활용하기

보조선 활용하기 1

주어진 점선을 이용하여 크기가 작은 두 정사각형의 넓이의 합이 직각삼각형 아래의 가장 큰 정사각형의 넓이와 같다는 것을 어떻게 알 수 있을까요?

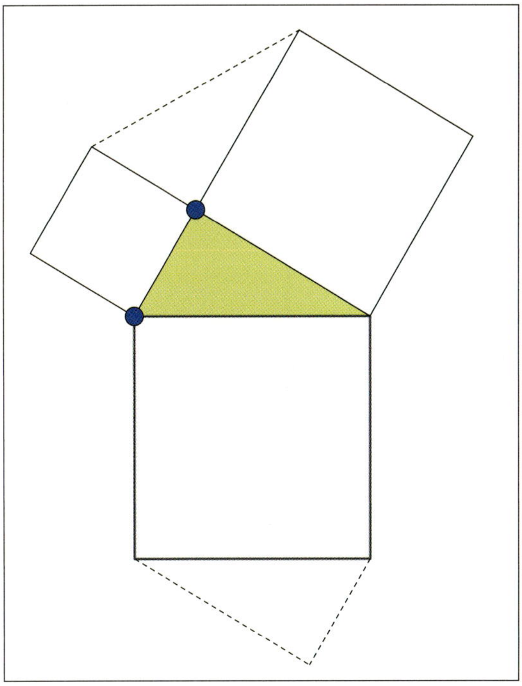

http://ggbtu.be/mpz1VY6qQ

핸드폰이나 태블릿 PC에서 QR 코드를 촬영하면 그림에 제시된 도형을 움직여 볼 수 있습니다.

QR코드의 사용법은 책 앞부분에 설명되어 있습니다.

연필로 그리며 생각해 보기

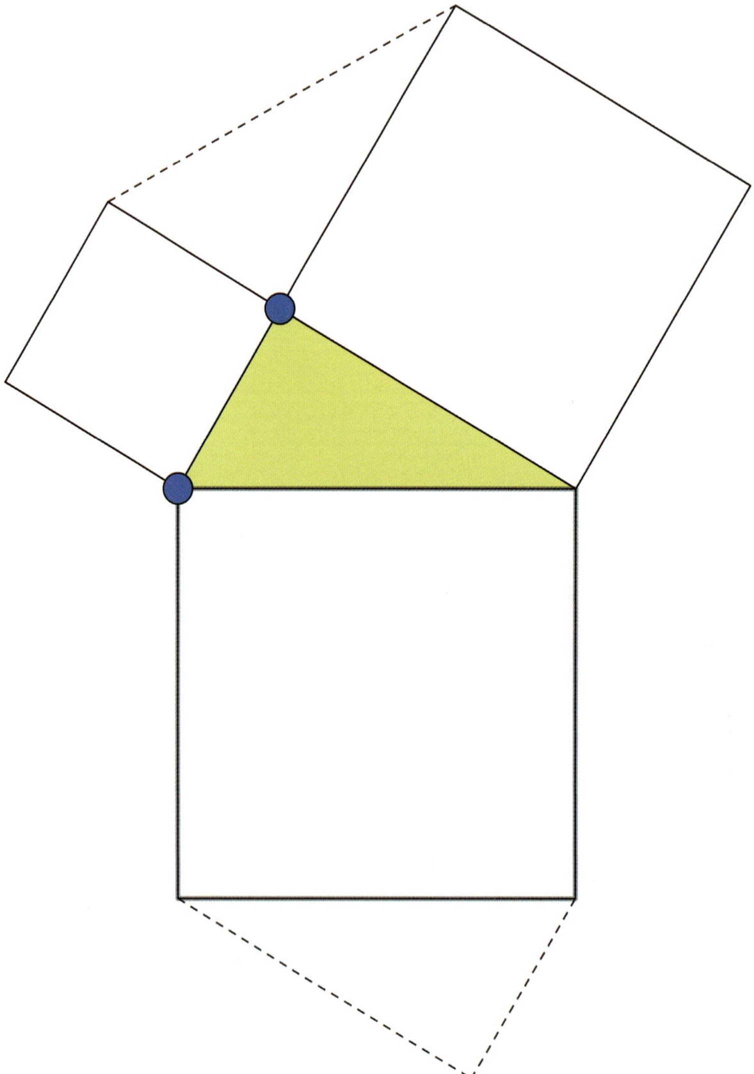

연필로 그리며 생각해 보기(인쇄용)

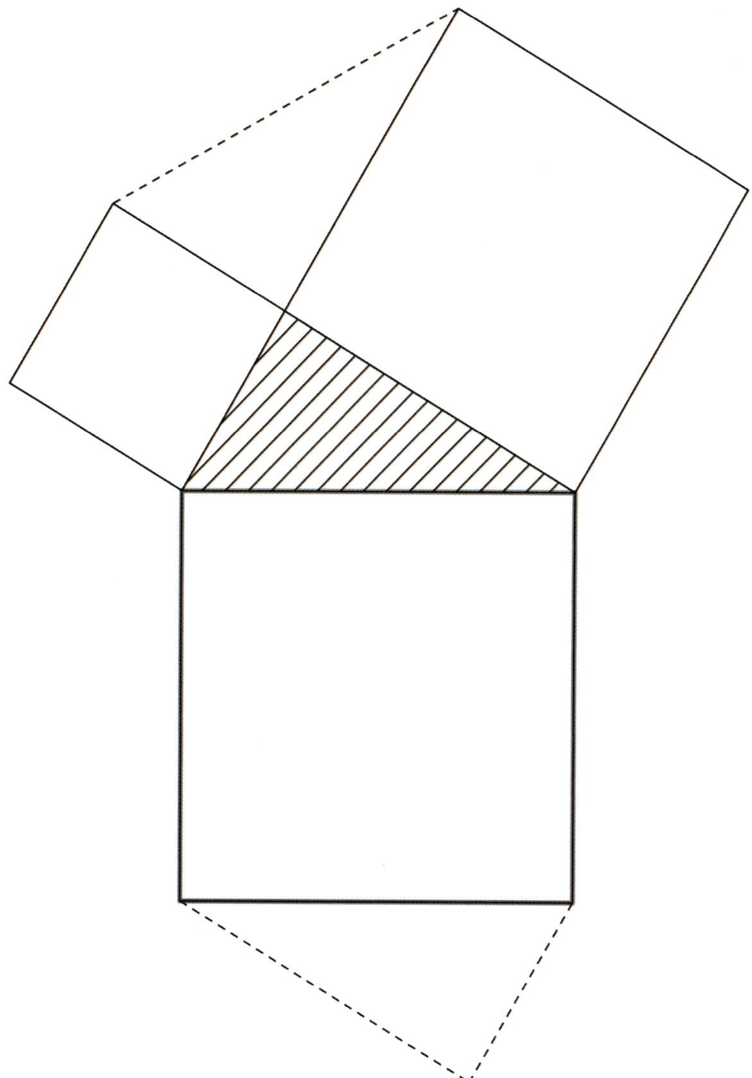

해설

1. 크기가 작은 두 정사각형의 넓이의 합이 직각삼각형 아래의 가장 큰 정사각형의 넓이와 같다는 것을 보조선을 이용하여 보이는 문제입니다.

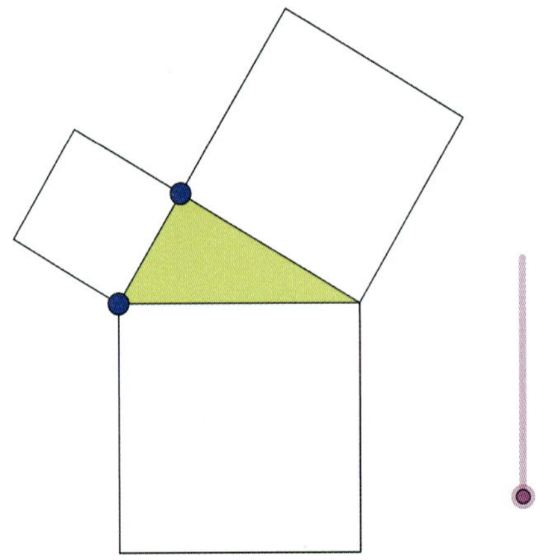

2. 슬라이더의 점을 드래그하면 노란색 직각삼각형이 가장 큰 정사각형의 아래에 나타납니다.

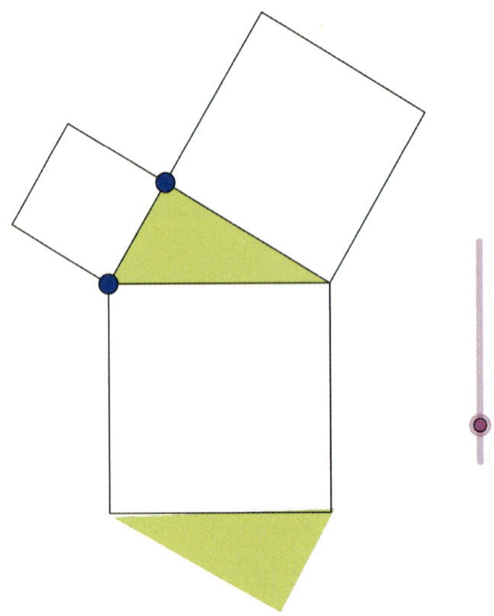

③ 그 다음 노란색 직각삼각형이 두 정사각형의 사이에 나타납니다.

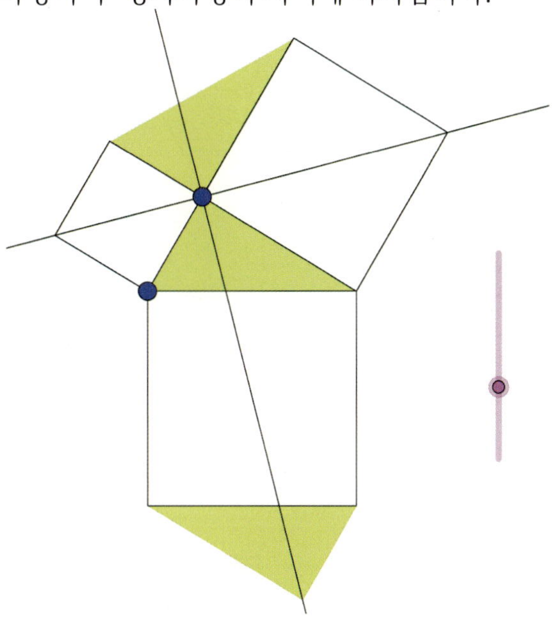

④ 삼각형의 두 꼭짓점을 지나는 직선과 정사각형의 두 꼭짓점을 지나는 직선이 나타난 후 연두색 사각형이 나타납니다.

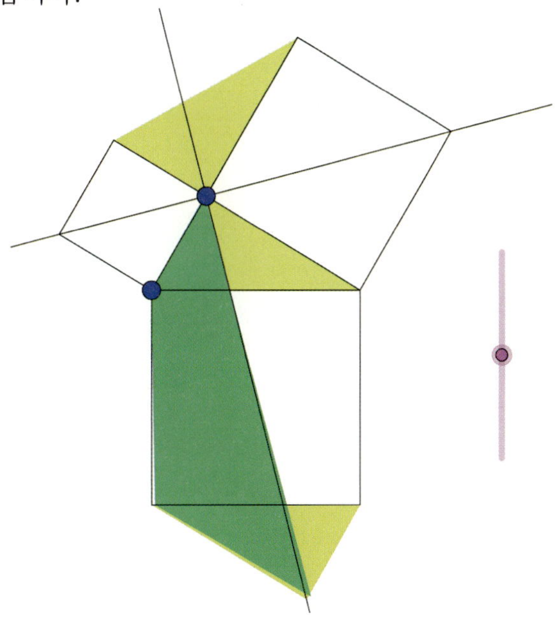

5 연두색 사각형이 회전하여 크기가 작은 두 정사각형의 절반과 직각삼각형에 겹쳐집니다.

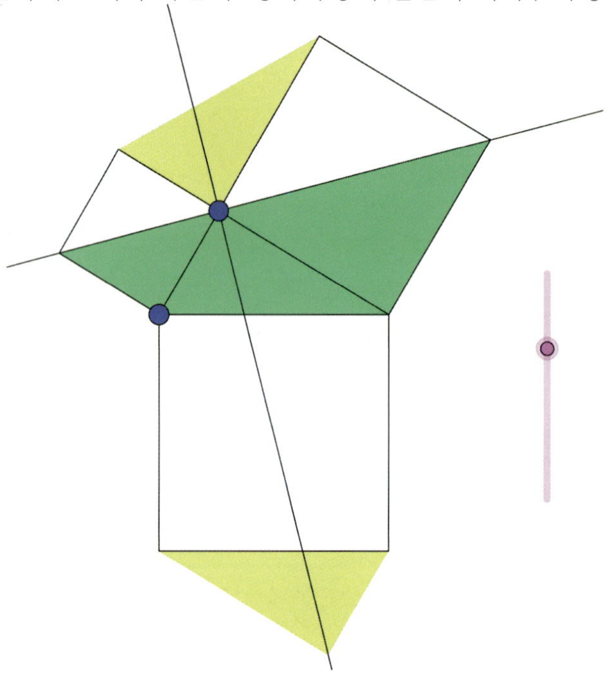

6 반대편에서 하늘색 사각형이 나타납니다.

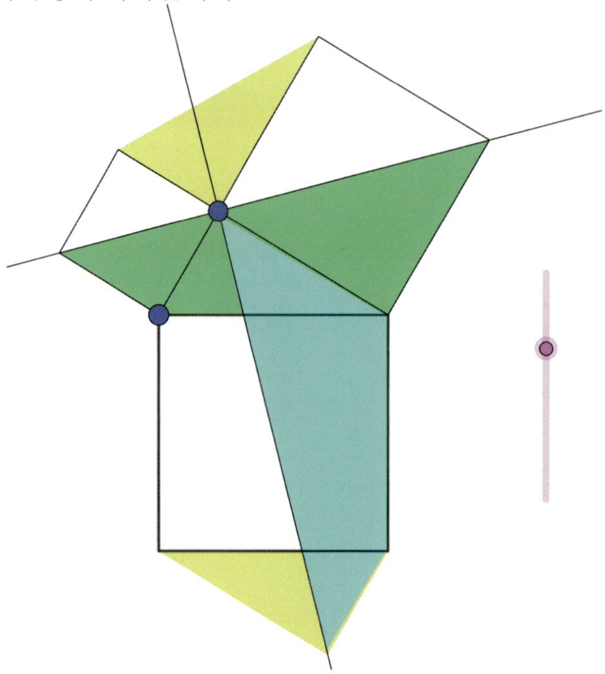

⑦ 하늘색 사각형이 뒤집혀 나타납니다.

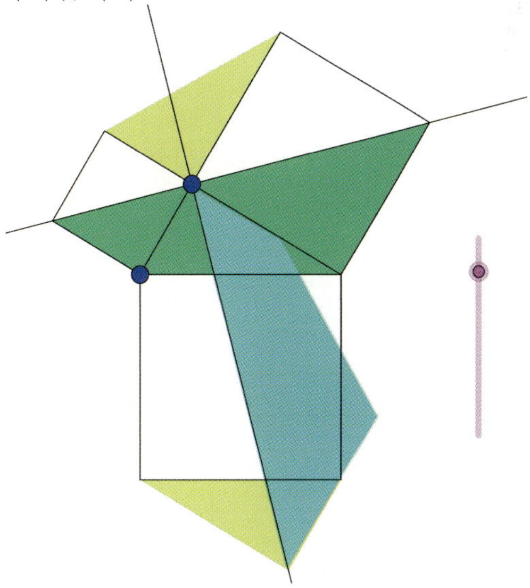

⑧ 마지막으로 하늘색 사각형이 회전하여 크기가 작은 두 정사각형의 절반과 직각삼각형에 겹쳐집니다. 이를 통해 가장 큰 정사각형의 넓이가 두 정사각형의 넓이의 합과 같다는 것을 알 수 있습니다.

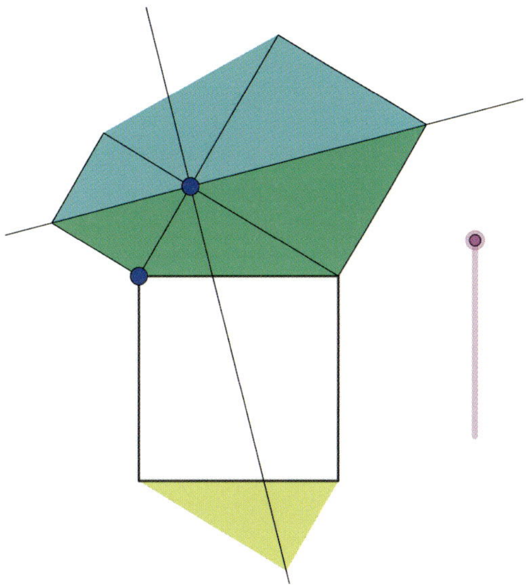

보조선 활용하기2

주어진 점선을 이용하여 크기가 작은 두 정사각형의 넓이의 합이 직각삼각형의 빗변을 한 변으로 하는 정사각형의 넓이와 같다는 것을 어떻게 알 수 있을까요?

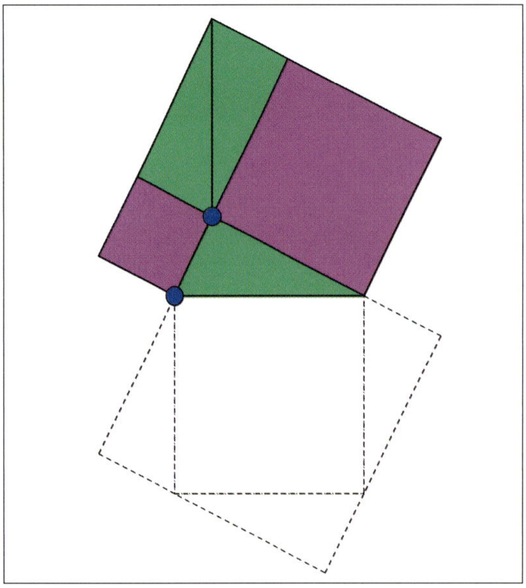

http://ggbtu.be/mTKIdz0Qi

핸드폰이나 태블릿 PC에서 QR 코드를 촬영하면 그림에 제시된 도형을 움직여 볼 수 있습니다.
QR코드의 사용법은 책 앞부분에 설명되어 있습니다.

연필로 그리며 생각해 보기

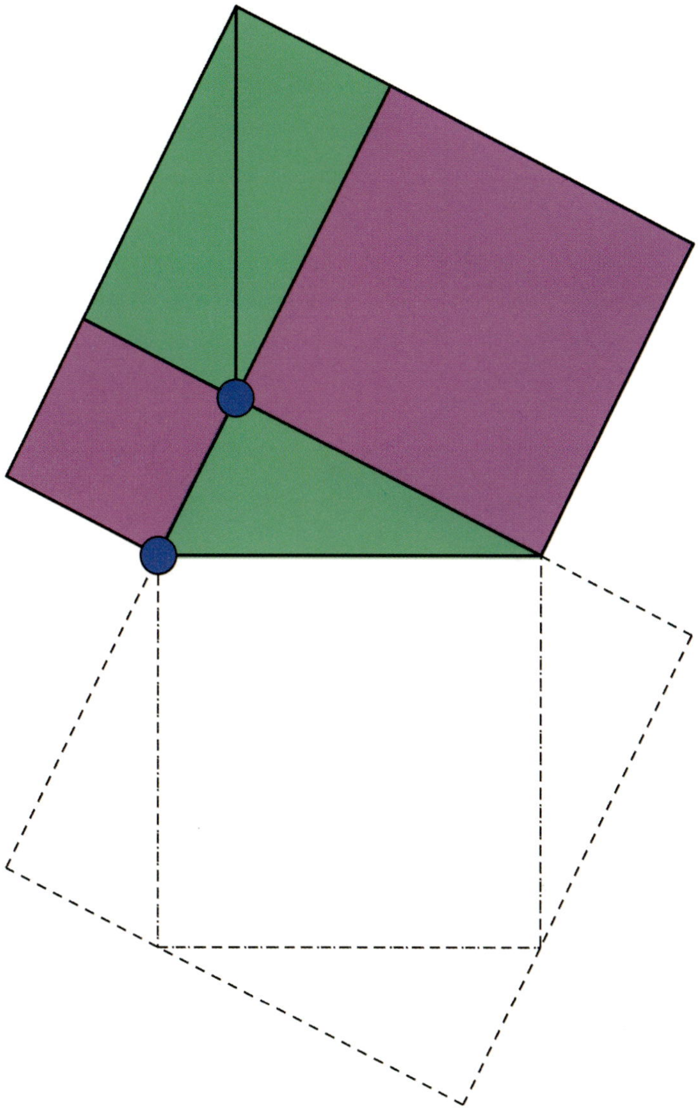

연필로 그리며 생각해 보기(인쇄용)

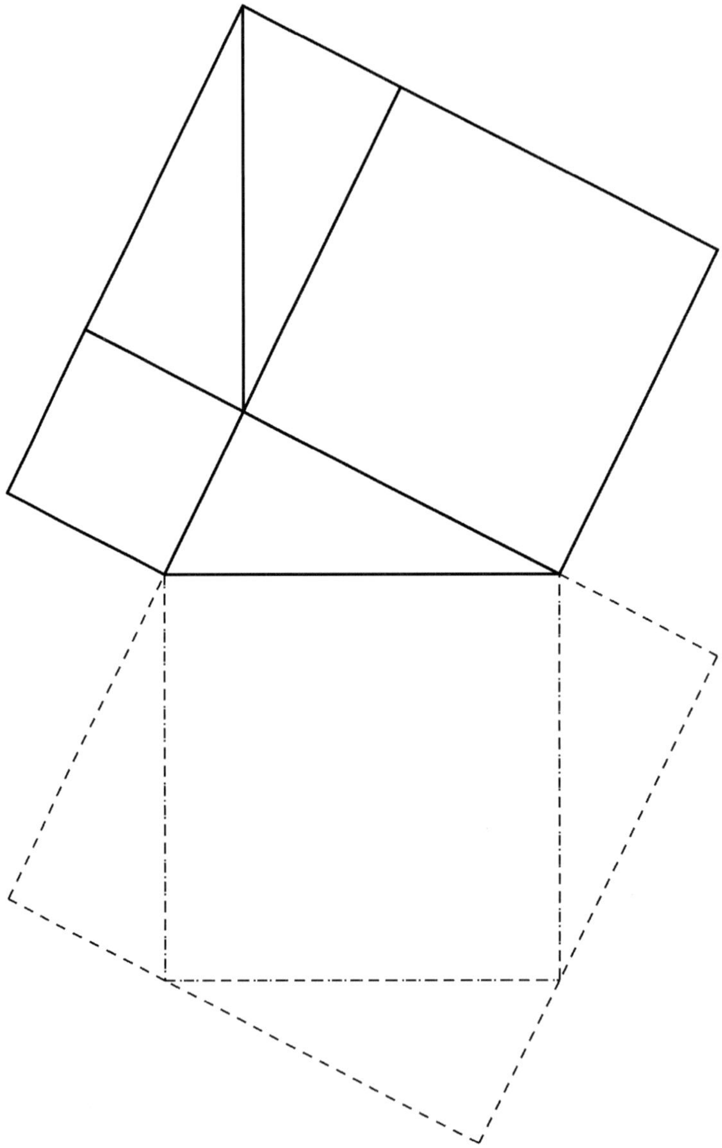

해설

[1] 그림의 아래에 놓인 직각삼각형의 두 변을 한 변으로 하는 두 정사각형의 넓이의 합이 자주색 정사각형의 넓이와 같다는 것을 보이는 문제입니다.

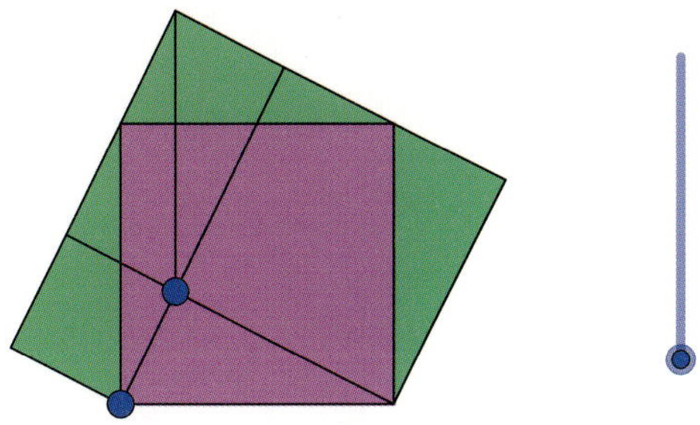

[2] 슬라이더의 점을 드래그하면 화면의 도형이 180° 회전하여 아래에 놓여집니다.

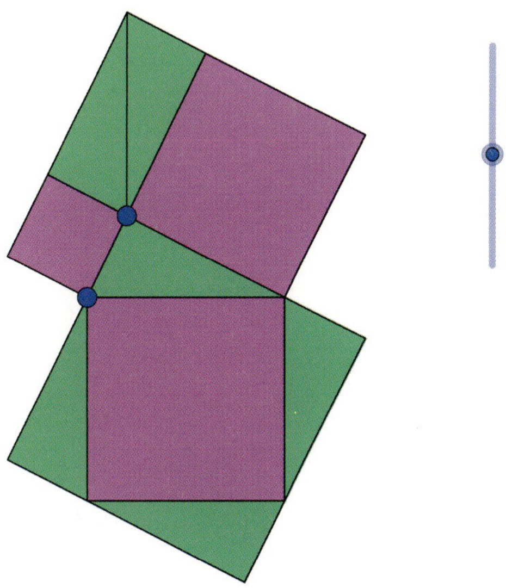

③ 그 다음 합동인 두 연두색 직각삼각형이 제거됩니다.

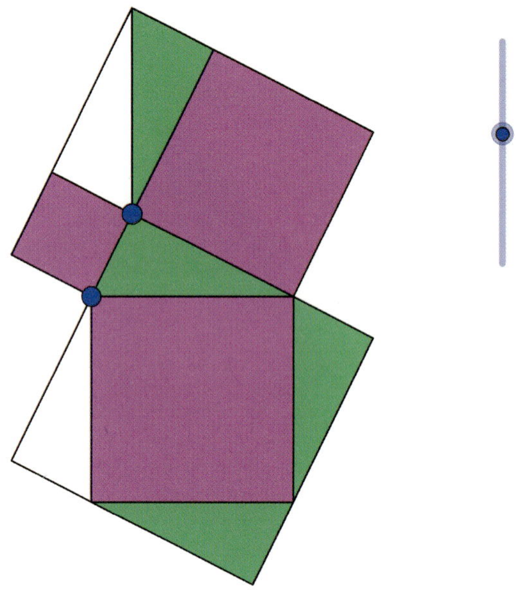

④ 두 연두색 직각삼각형이 제거됩니다.

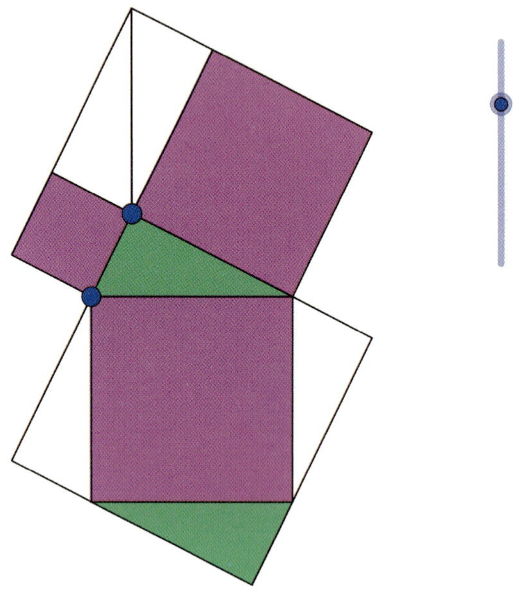

⑤ 마지막으로 남은 연두색 직각삼각형을 제거하면 그림의 윗부분에는 자주색 정사각형이 2개, 아래에는 1개 남습니다. 이를 통해 두 정사각형의 넓이의 합이 가장 큰 정사각형의 넓이와 같다는 것을 알 수 있습니다.

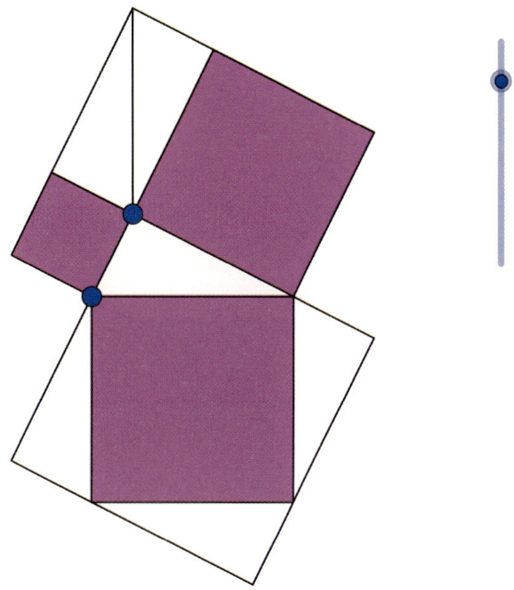

IV

피타고라스 정리의 일반화

GeoGebra

4. 피타고라스 정리의 일반화

피타고라스 정리의 일반화 1

크기가 작은 두 닮은 삼각형 안의 조각을 직각삼각형 아래의 가장 큰 닮은 삼각형에 채워 보세요.

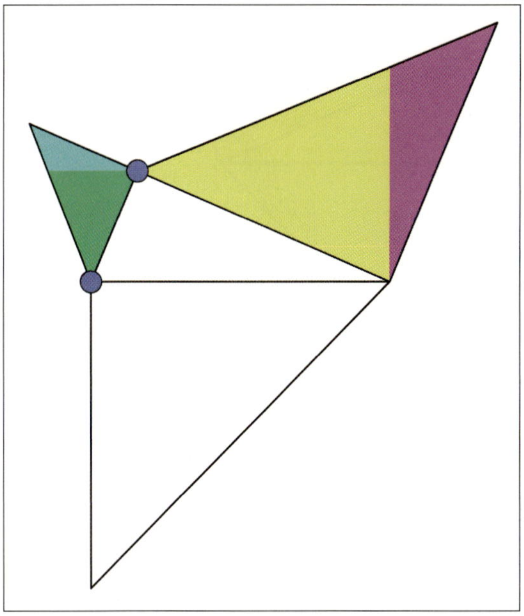

http://ggbtu.be/mF1F0PpCB

핸드폰이나 태블릿 PC에서 QR 코드를 촬영하면 그림에 제시된 도형을 움직여 볼 수 있습니다.
QR코드의 사용법은 책 앞부분에 설명되어 있습니다.

연필로 그리며 생각해 보기

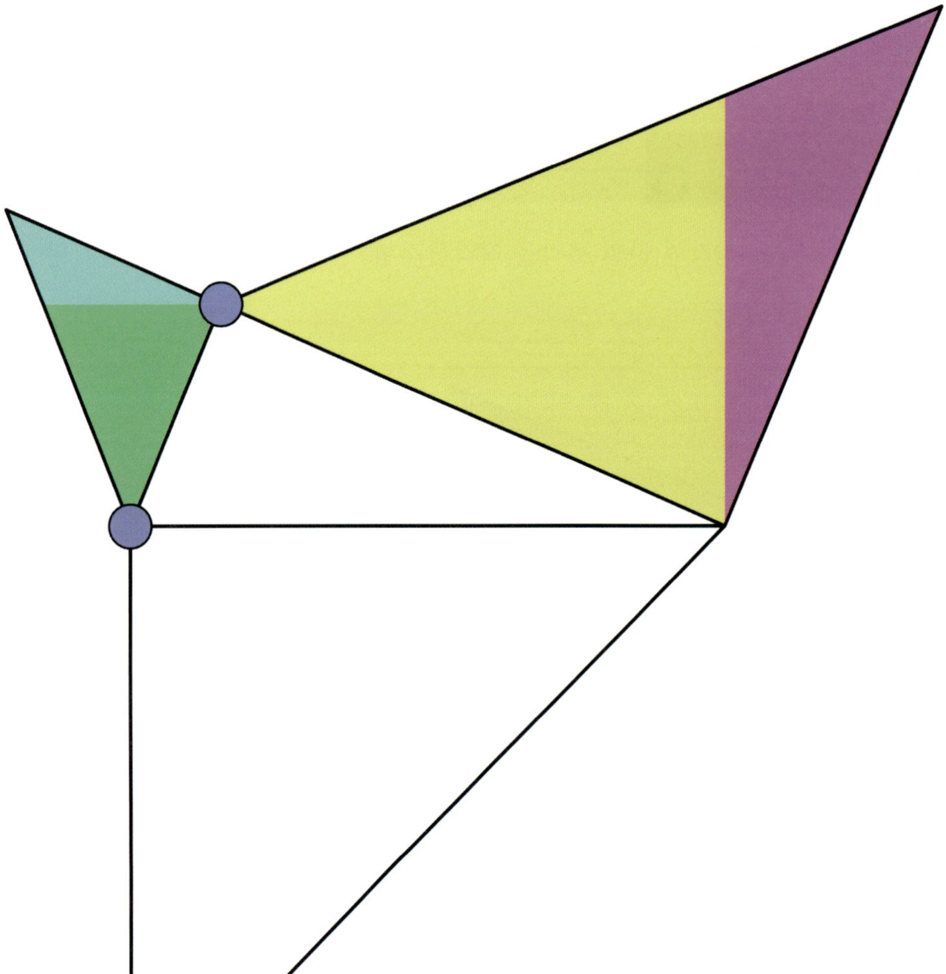

연필로 그리며 생각해 보기(인쇄용)

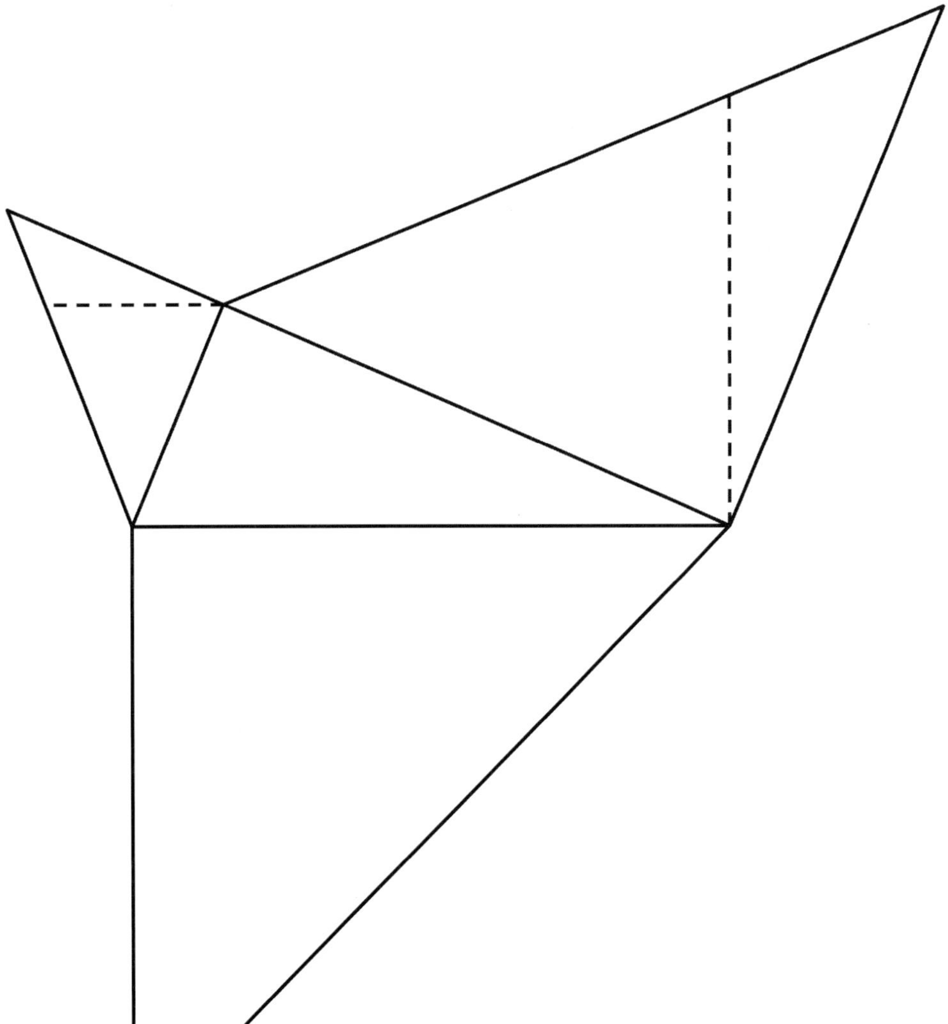

해설

1 크기가 작은 두 닮은 삼각형 안의 조각을 직각삼각형 아래의 가장 큰 닮은 삼각형에 채워넣는 문제입니다.

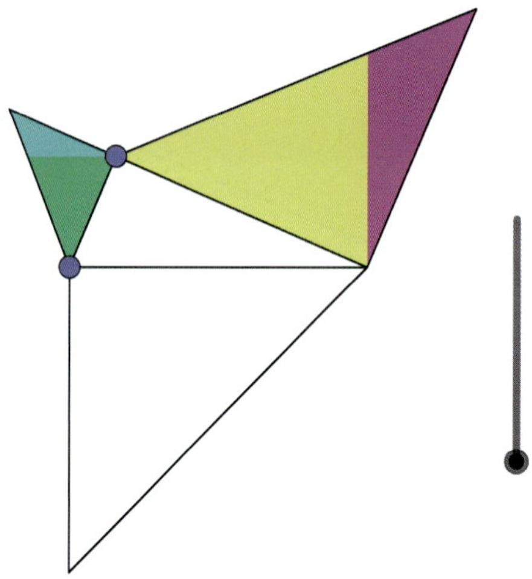

2 노란색 조각을 가장 큰 닮은 삼각형의 한 변에 접하도록 놓습니다.

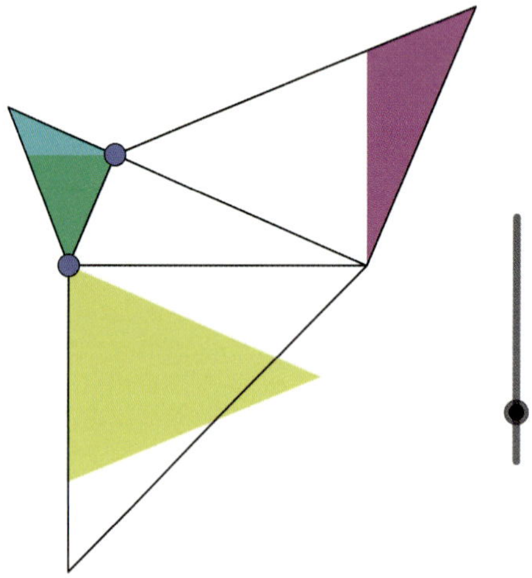

③ 자주색 조각을 가장 큰 닮은 삼각형의 한 변에 접하도록 놓습니다.

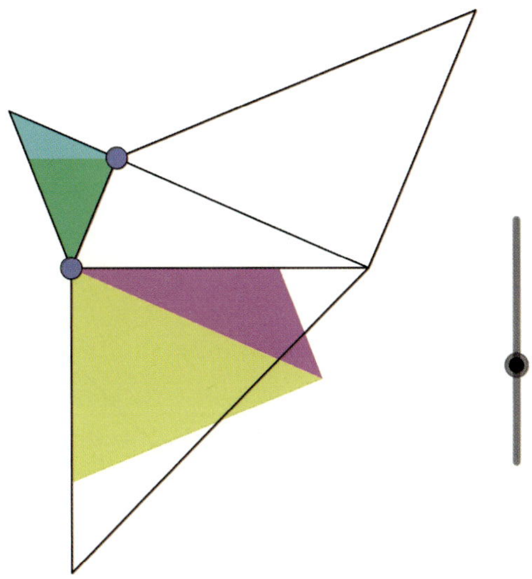

④ 연두색 조각을 가장 큰 닮은 삼각형의 한 변에 접하도록 놓습니다.

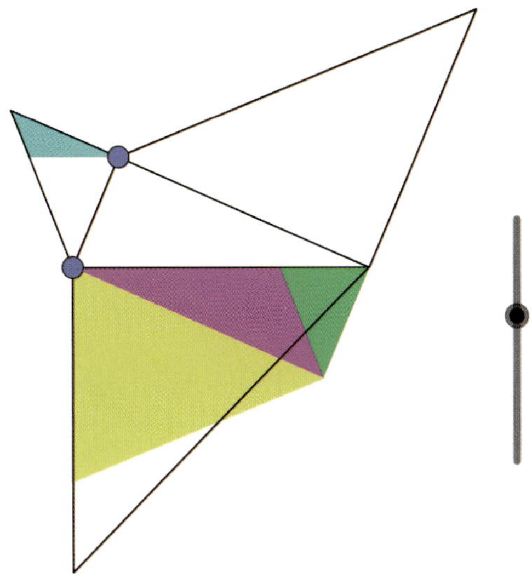

5 하늘색 조각을 삼각형의 남은 부분에 놓습니다.

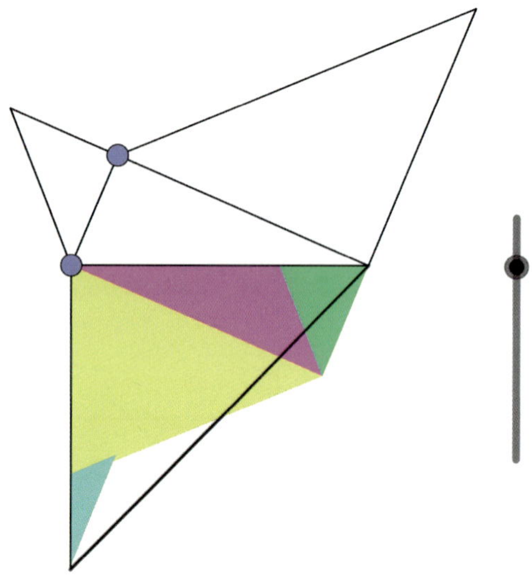

6 삼각형을 벗어난 부분이 회색으로 변한 것을 볼 수 있습니다.

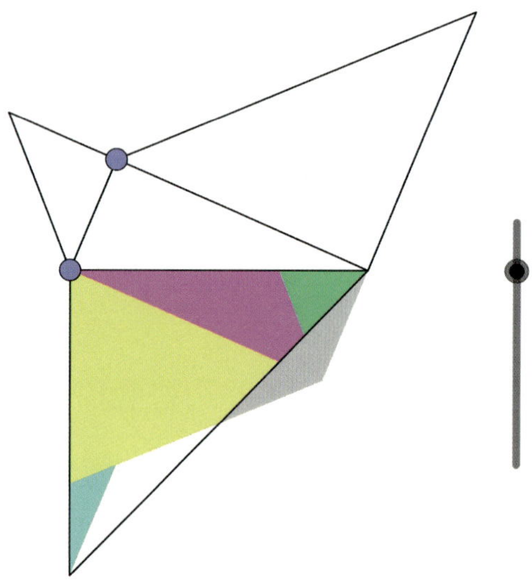

⑦ 회색 조각이 회전하여 삼각형의 남은 부분을 채웁니다. 이를 통해 가장 큰 정사각형의 넓이가 두 정사각형의 넓이의 합과 같다는 것을 알 수 있습니다.

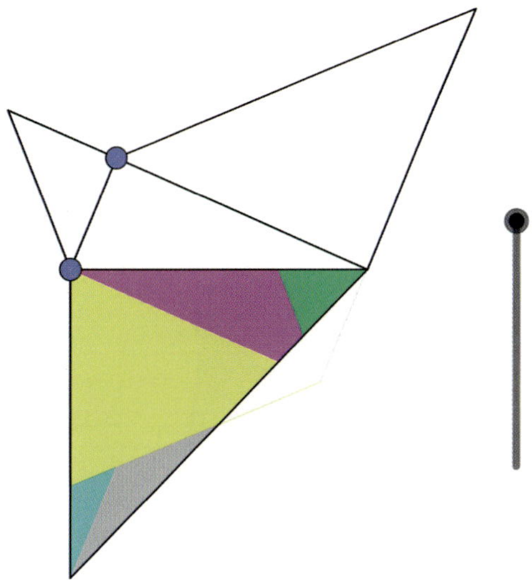

피타고라스 정리의 일반화 2

주어진 점선을 이용하여 크기가 작은 두 닮은 삼각형의 넓이의 합이 직각삼각형 아래의 가장 큰 닮은 삼각형의 넓이와 같다는 것을 어떻게 알 수 있을까요?

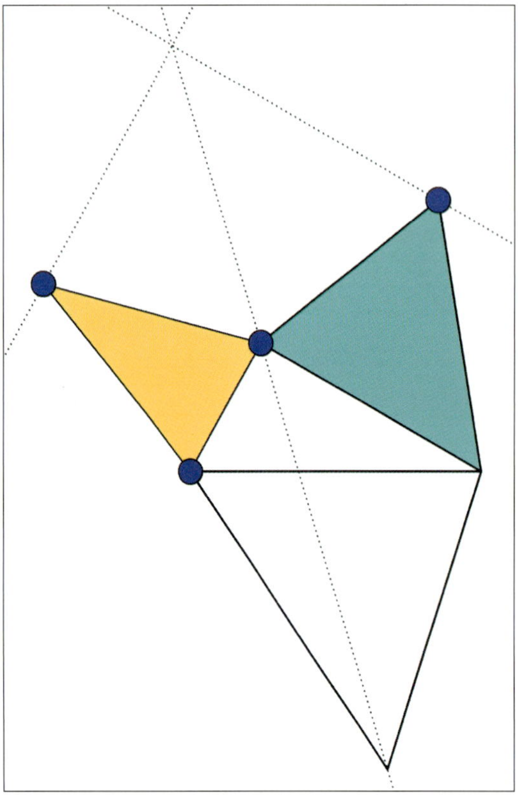

http://ggbtu.be/mRMBIgkE1

핸드폰이나 태블릿 PC에서 QR 코드를 촬영하면 그림에 제시된 도형을 움직여 볼 수 있습니다.
QR코드의 사용법은 책 앞부분에 설명되어 있습니다.

연필로 그리며 생각해 보기

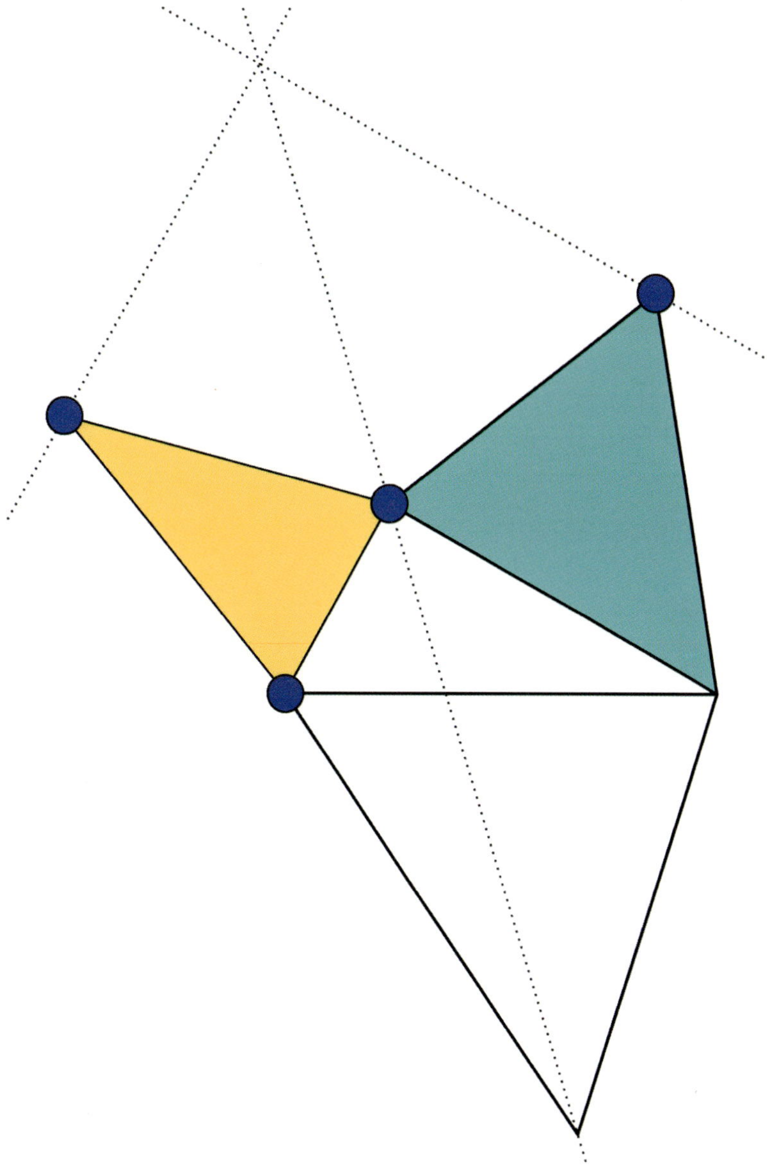

연필로 그리며 생각해 보기(인쇄용)

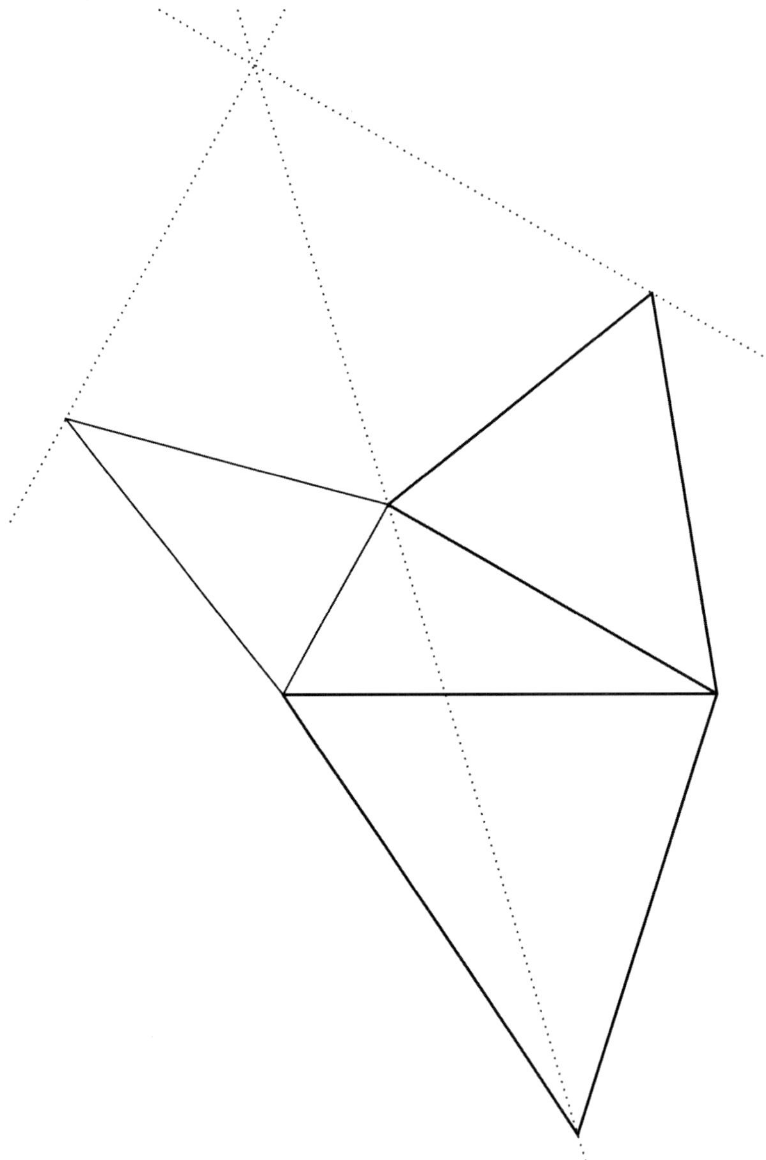

해설

1 색칠된 두 삼각형의 넓이가 직각삼각형 아래의 가장 큰 닮은 삼각형의 넓이과 같다는 것을 보이는 문제입니다.

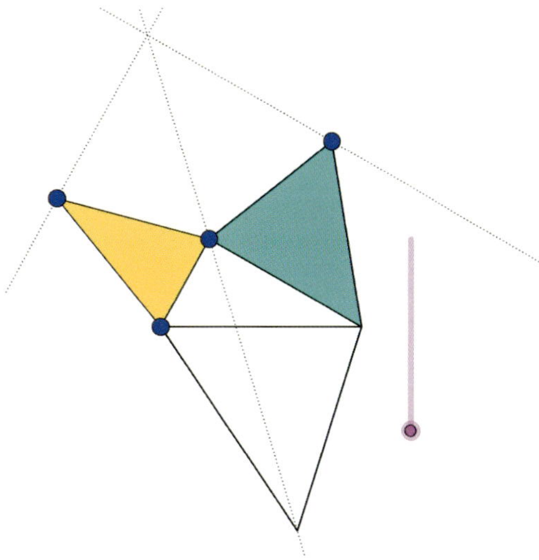

2 슬라이더의 점을 드래그하면 색칠된 두 삼각형의 넓이가 유지된 채 모양이 변형됩니다. 이 때 변형된 삼각형은 색칠된 삼각형과 밑변의 길이, 높이가 동일하므로 넓이가 같습니다.

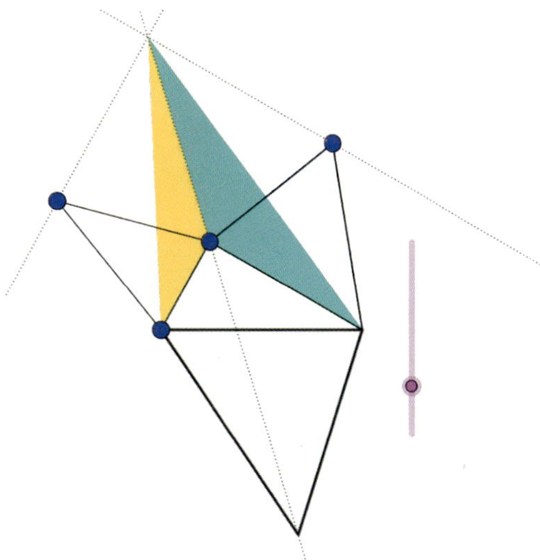

③ 색칠된 두 삼각형의 넓이가 유지된 채 모양이 변형되어 삼각형을 이룹니다.

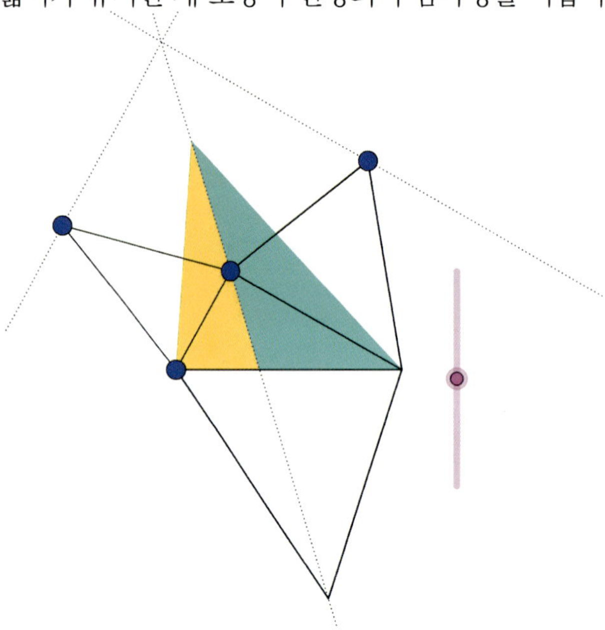

④ 삼각형이 180° 회전합니다.

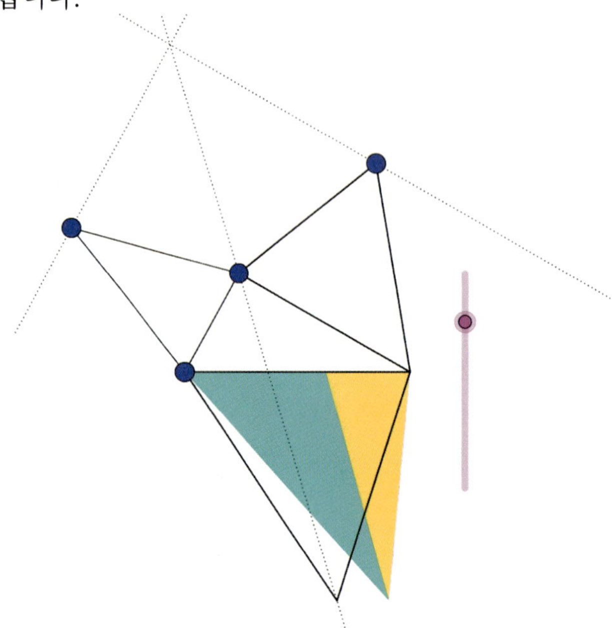

⑤ 삼각형의 넓이가 유지된 채 꼭짓점이 이동하여 가장 큰 닮은 삼각형과 동일한 모양이 됩니다. 이를 통해 두 닮은 삼각형의 넓이의 합이 가장 큰 닮은 삼각형의 넓이와 같다는 것을 알 수 있습니다.

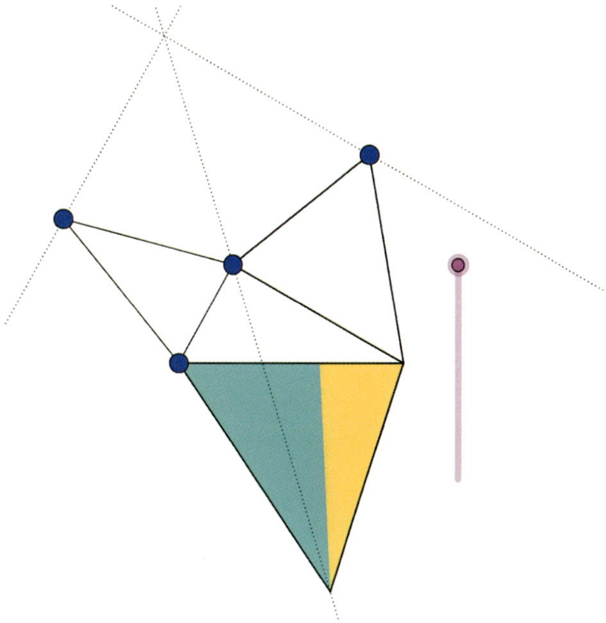

V

피타고라스 정리의 활용

GeoGebra

5. 피타고라스 정리의 활용

피타고라스 정리의 활용(피타고라스 나무)

직각삼각형과 직각삼각형의 각 변에 정사각형이 있는 모습을 반복적으로 붙여놓으면 마치 나무가 자라고 있는 것과 같은 모습을 볼 수 있습니다. 아래 도형에 직각삼각형과 정사각형을 덧붙여 피타고라스 나무를 그려보세요.

http://ggbtu.be/mZ1bUAure

핸드폰이나 태블릿 PC에서 QR 코드를 촬영하면 그림에 제시된 도형을 움직여 볼 수 있습니다.
QR코드의 사용법은 책 앞부분에 설명되어 있습니다.

연필로 그리며 생각해 보기

연필로 그리며 생각해 보기(인쇄용)

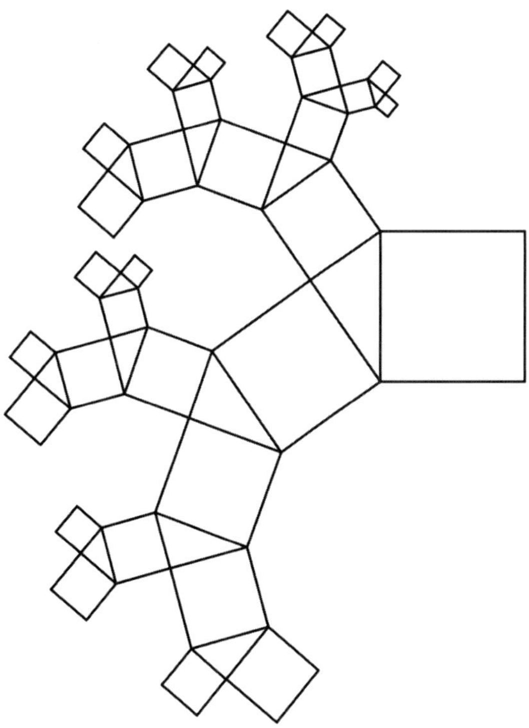

해설

1 1단계에는 빨간색 정사각형이 놓여 있습니다.

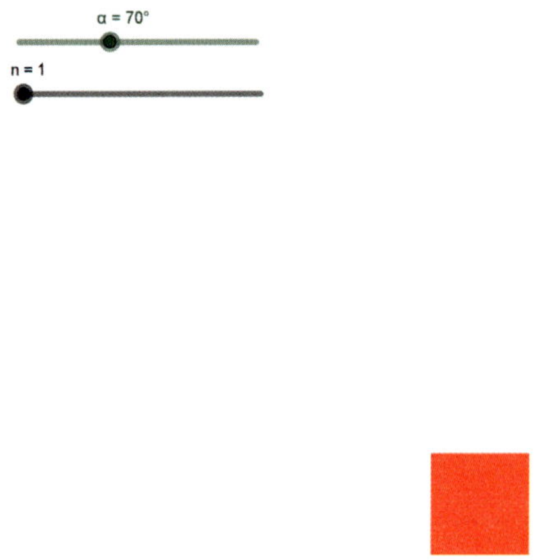

2 검은색 슬라이더의 점을 드래그하면 다음 단계로 넘어갈 수 있습니다. 2단계에는 빨간색 정사각형 위에 직각삼각형과 주황색 정사각형이 만들어집니다.

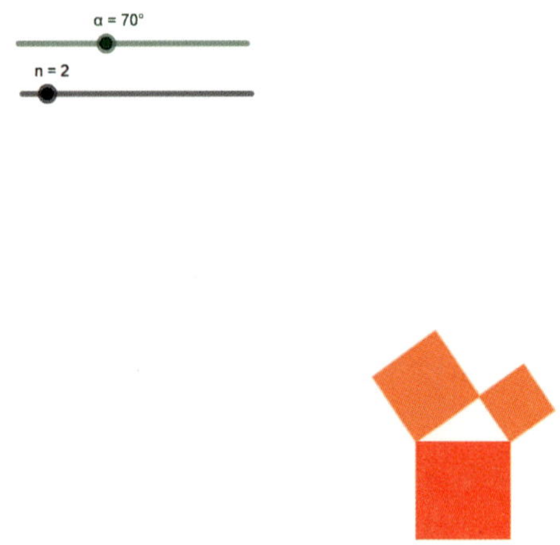

③ 3단계에는 주황색 정사각형 위에 직각삼각형과 노란색 정사각형이 만들어집니다.

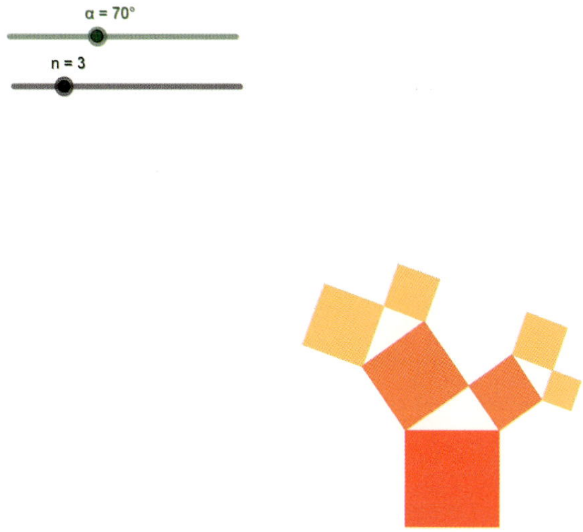

④ 4단계에는 노란색 정사각형 위에 직각삼각형과 연두색 정사각형이 만들어집니다.

5 5단계에는 연두색 정사각형 위에 직각삼각형과 파란색 정사각형이 만들어집니다.

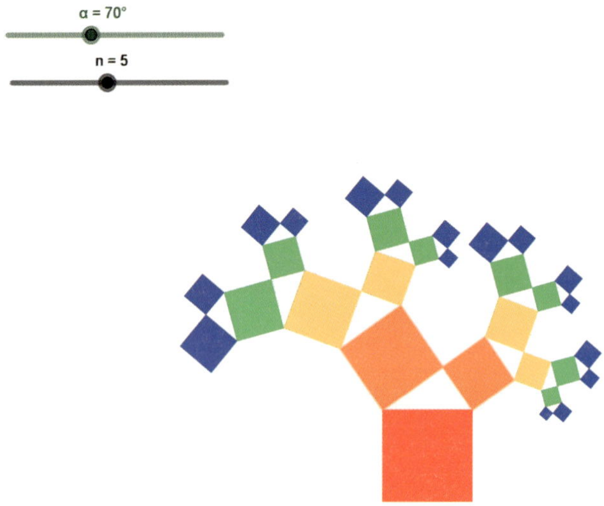

6 6단계에는 파란색 정사각형 위에 직각삼각형과 남색 정사각형이 만들어집니다.

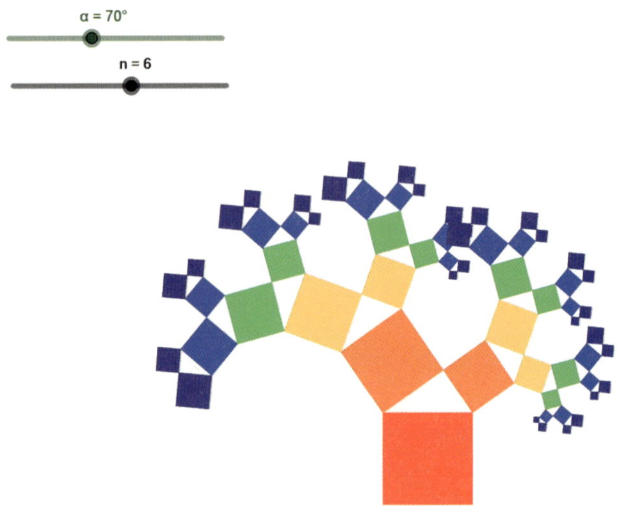

⑦ 7단계에는 남색 정사각형 위에 직각삼각형과 보라색 정사각형이 만들어집니다.

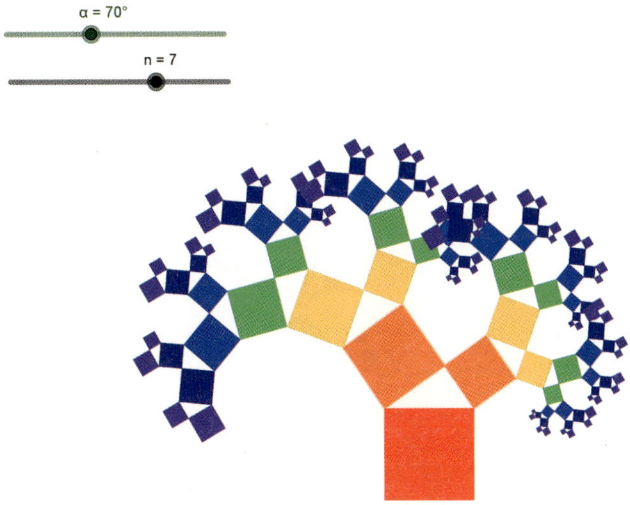

⑧ 8단계에는 보라색 정사각형 위에 직각삼각형과 자주색 정사각형이 만들어집니다.

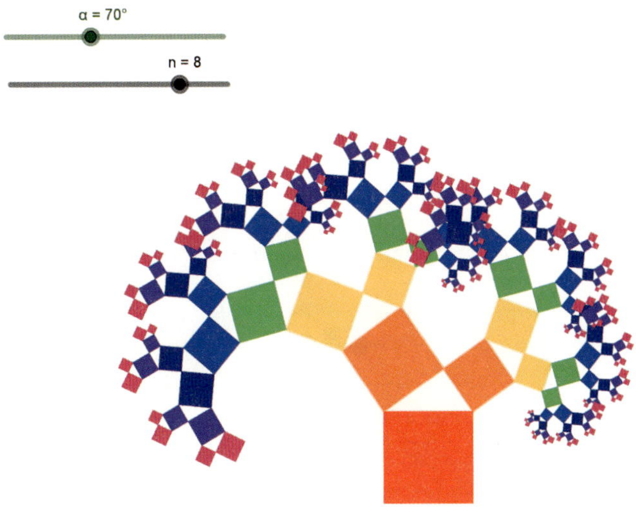

⑨ 9단계에는 자주색 정사각형 위에 직각삼각형과 빨간색 정사각형이 만들어집니다.

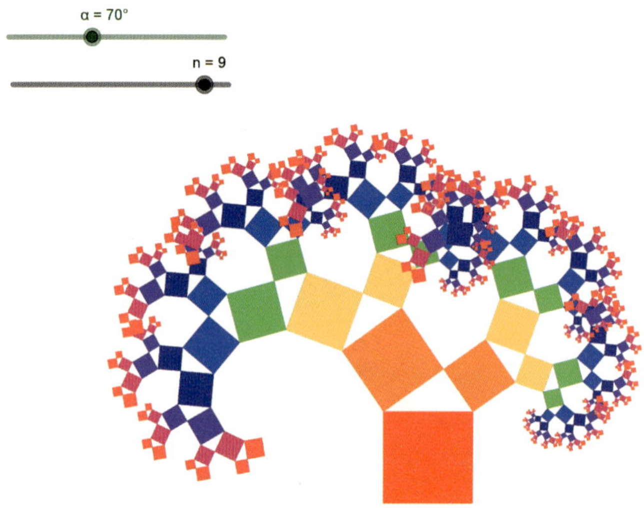

⑩ 10단계에는 빨간색 정사각형 위에 직각삼각형과 주황색 정사각형이 만들어집니다. 이와 같이 만들어진 도형은 나무와 모양이 비슷합니다. 이를 피타고라스 나무라고 합니다.

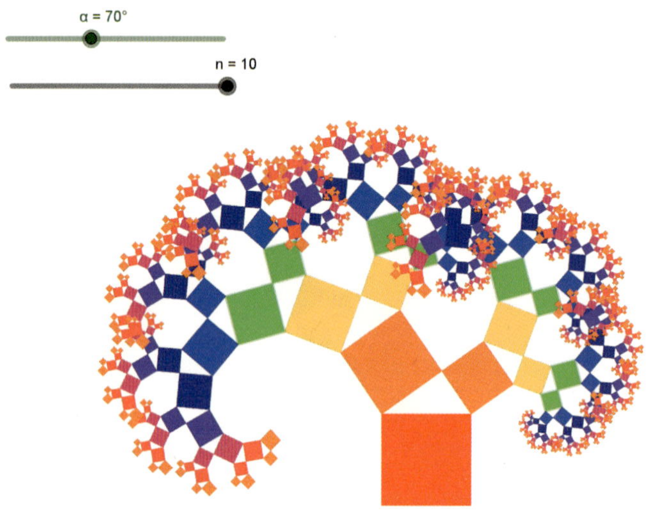

VI

지오지브라 소개

GeoGebra

6. 지오지브라 소개

지오지브라(GeoGebra)는 기하, 대수, 미적분, 통계, 이산수학, 3차원 기하를 다룰 수 있으며 비영리적인 목적[1]을 위해 무료로 사용할 수 있는 오픈소스 자유 소프트웨어입니다.

지오지브라의 이름은 **지오**(Geometry; 기하)와 **지브라**(Algebra; 대수)의 합성어로 동적 기하 소프트웨어(DGS; Dynamic Geometry Software)와 컴퓨터 대수 시스템(CAS; Computer Algebra System)을 결합한 소프트웨어라는 의미를 담고 있습니다. 따라서 지오지브라는 다양한 수학 영역의 대상을 다룰 수 있는 동적 수학 소프트웨어(DGS; Dynamic Mathematics Software)라고 볼 수 있습니다.

그림 6.1: 전 세계의 지오지브라 연구소

[1]만일 지오지브라와 연관되어 영리가 발생하는 경우에는 국제 지오지브라 연구소(IGI; International GeoGebra Institute)의 허가가 필요하다. [office@geogebra.org(영어), kyeong@geogebra.or.kr(한국어)]

지오지브라의 역사

지오지브라는 오스트리아의 마르쿠스 호헨바터(Markus Hohenwarter)가 대학원생이었던 2001년도에 개발되었습니다. 마르쿠스 호헨바터는 수학교육과 컴퓨터 공학을 전공하였으며 동적 기하 소프트웨어와 컴퓨터 대수 시스템을 결합한 소프트웨어를 개발하고자 하였습니다. 이러한 작업의 결실로 2002년에 지오지브라는 인터넷을 통하여 소프트웨어의 초기 버전이 공개되었고 오스트리아와 독일의 교사들에게 폭발적인 인기를 얻게 되었습니다. 같은 해 마르쿠스 호헨바터는 지오지브라의 개발로 EASA(European Academic Software Award) 상을 수상하였으며 현재는 오스트리아를 중심으로 전 세계의 프로그래머들과 지오지브라를 개발하고 있습니다.

2008년에 최경식[2]은 지오지브라의 인터페이스 및 관련 문서를 한글화하였으며 **한국지오지브라연구소**[3]를 통해 지오지브라의 보급, 출판, 연수, 관련 연구 프로젝트를 담당하고 있습니다.

그림 6.2: 지오지브라 개발자인 마르쿠스 호헨바터 교수

[2] kyeong@geogebra.or.kr

[3] http://www.geogebra.or.kr

설치파일 다운로드

1 지오지브라의 공식 홈페이지인 http://www.geogebra.org에 접속하여 메인 화면의 다운로드를 클릭 합니다.

2 Windows를 클릭 하면 설치파일을 다운로드 받을 수 있습니다.

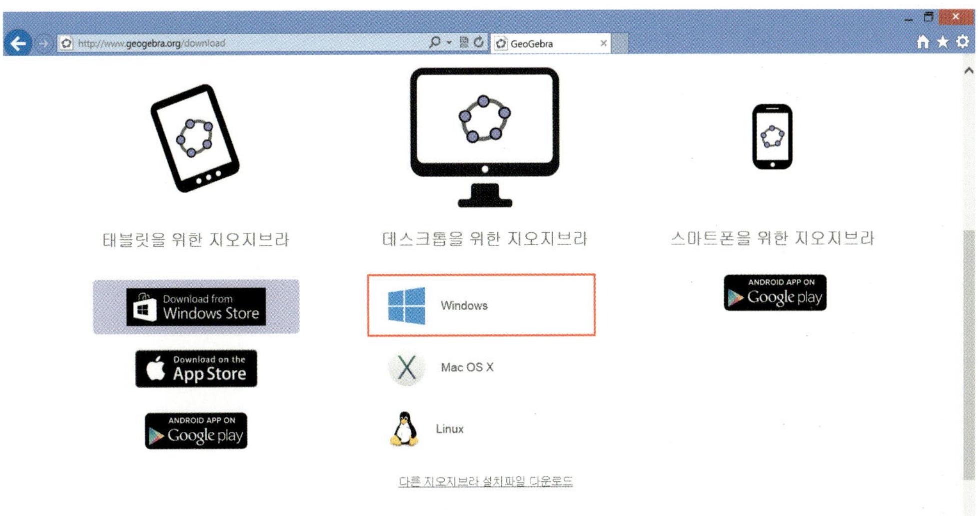

실행화면

① 지오지브라의 실행화면은 기본적으로 대수창, 기하창, 입력창으로 구성되어 있습니다.

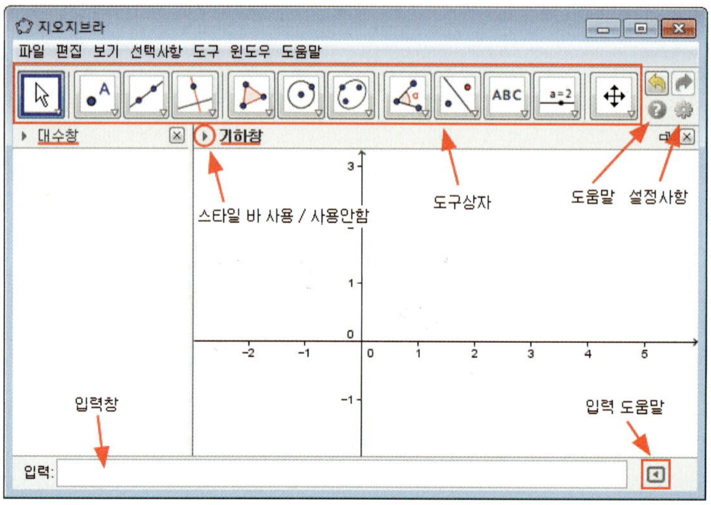

② 메뉴의 보기를 클릭하면 스프레드시트 창, CAS 창, 기하창 2, 구성단계, 화면배치 등이 나타나게 할 수 있습니다.

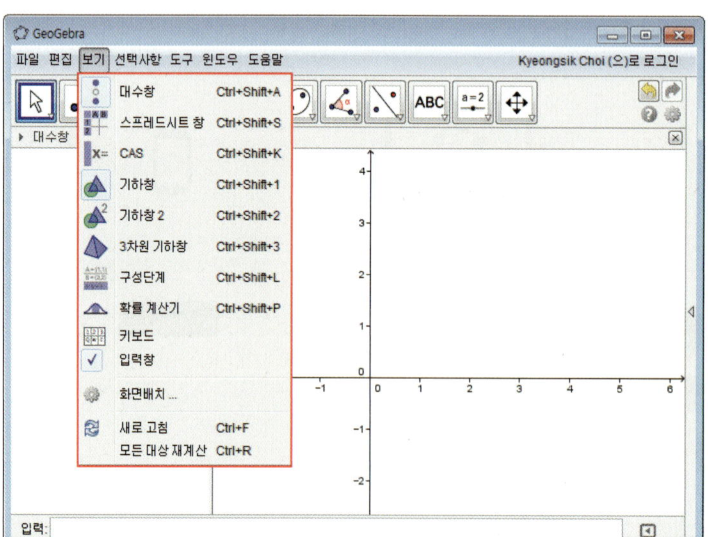

지오지브라튜브

지오지브라튜브(GeoGebraTube)[4]는 지오지브라 자료를 저장하고 공유할 수 있는 인터넷 공간입니다. 지오지브라튜브(GeoGebraTube)라는 이름은 **지오지브라**(GeoGebra)와 **튜브**(YouTube; 유튜브)[5]의 합성어로 유튜브에서 동영상을 공유하거나 검색할 수 있는 것과 같이 지오지브라 자료에 대하여 동일한 역할을 하는 공간이라는 의미이다. 지오지브라튜브는 누구나 가입할 수 있으며 태블릿 PC[6]에서도 접속하여 지오지브라 자료를 볼 수 있다.

지오지브라튜브에 로그인하는 방법은 다음과 같습니다.

1 지오지브라 홈페이지의 우측 상단의 로그인 을 클릭합니다.

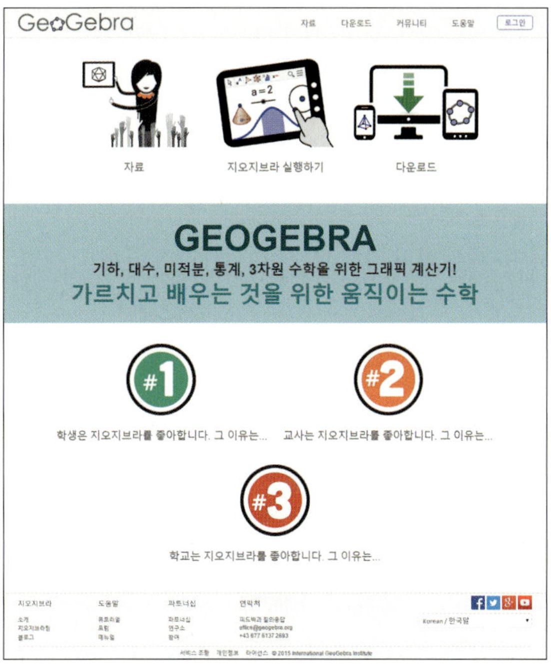

[4]http://www.geogebratube.org/
[5]http://www.youtube.com/
[6]iOS, Android, 크롬 OS 등

② 클릭 후 나타나는 화면에서 우측에 있는 구글(Google), 오피스365(Office 365), 마이크로소프트(Microsoft), 페이스북(Facebook), 트위터(Twitter) 가운데 자신이 소유하고 있는 계정에 따라 링크를 클릭합니다.

③ 로그인 후 자료 아이콘을 클릭하면 지오지브라튜브를 볼 수 있습니다.

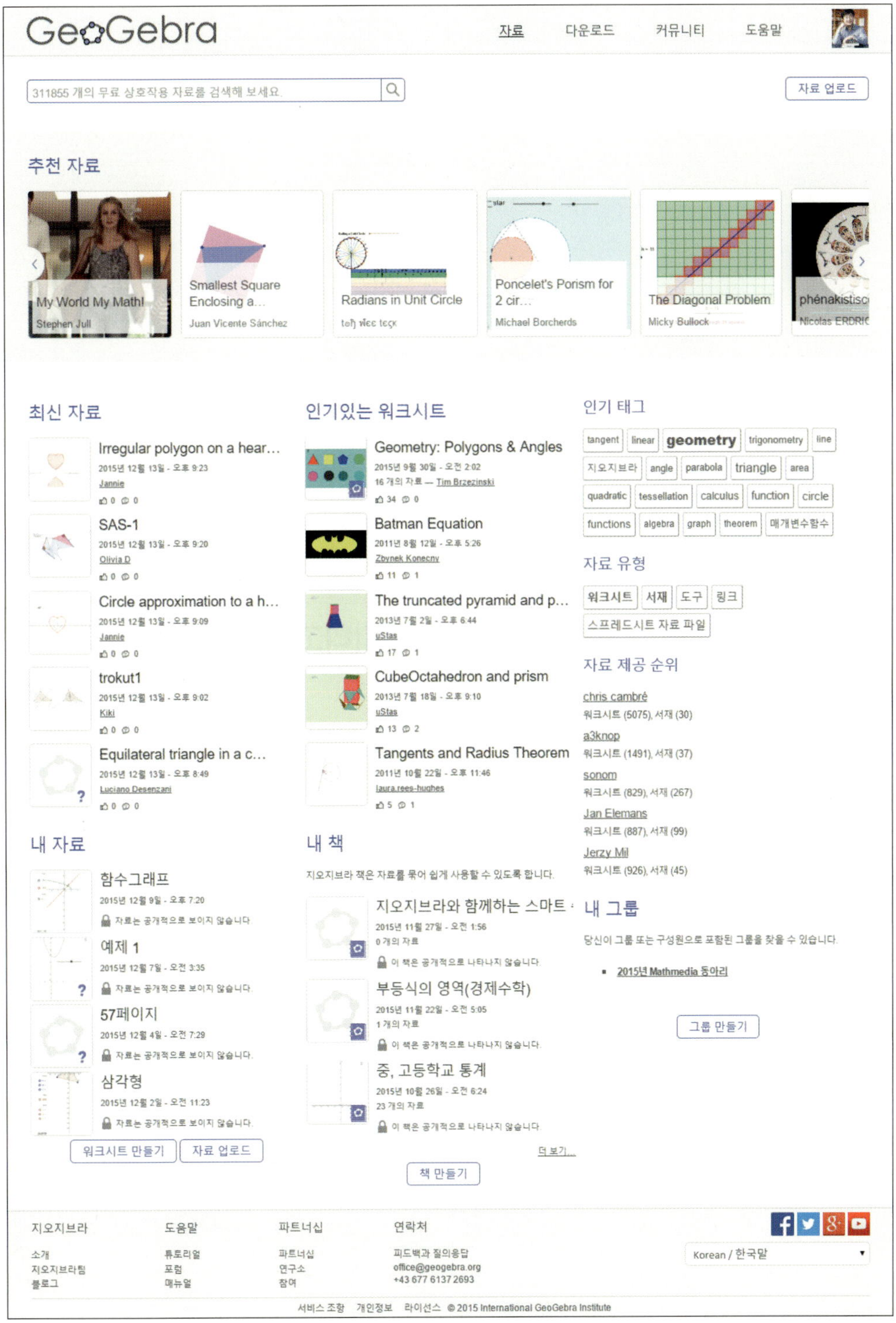

그림 6.3: 지오지브라튜브

지오지브라와 함께하는

한 눈에 보이는 피타고라스 정리

2016년 3월 15일 발 행

저 자 / 최경식

발행자 / 한국지오지브라연구소
발행처 / 이모션TPS

주 소 / 서울시 중구 인현동2가 192-20 정암프라자 2층
전 화 / 02-2263-6414
팩 스 / 02-2268-9481
E-mail/ pub@geogebra.or.kr
홈페이지/ http://geogebraedu.org

ISBN 978-89-97123-62-9

값 15,000 원